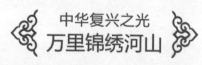

中华复兴之光

万里锦绣河山

优质综合生态

冯 欢 主编

汕頭大學出版社

图书在版编目（CIP）数据

优质综合生态 / 冯欢主编. -- 汕头 : 汕头大学出版社，2016.1（2019.9重印）
（万里锦绣河山）
ISBN 978-7-5658-2379-4

Ⅰ．①优… Ⅱ．①冯… Ⅲ．①生态环境－介绍－中国
Ⅳ．①X321.2

中国版本图书馆CIP数据核字(2016)第015649号

优质综合生态　　　YOUZHI ZONGHE SHENGTAI

主　　编：冯　欢
责任编辑：汪艳蕾
责任技编：黄东生
封面设计：大华文苑
出版发行：汕头大学出版社
　　　　　广东省汕头市大学路243号汕头大学校园内　邮政编码：515063
电　　话：0754-82904613
印　　刷：北京中振源印务有限公司
开　　本：690mm×960mm　1/16
印　　张：8
字　　数：98千字
版　　次：2016年1月第1版
印　　次：2019年9月第3次印刷
定　　价：32.00元
ISBN 978-7-5658-2379-4

党的十八大报告指出："把生态文明建设放在突出地位，融入经济建设、政治建设、文化建设、社会建设各方面和全过程，努力建设美丽中国，实现中华民族永续发展。"

可见，美丽中国，是环境之美、时代之美、生活之美、社会之美、百姓之美的总和。生态文明与美丽中国紧密相连，建设美丽中国，其核心就是要按照生态文明要求，通过生态、经济、政治、文化以及社会建设，实现生态良好、经济繁荣、政治和谐以及人民幸福。

悠久的中华文明历史，从来就蕴含着深刻的发展智慧，其中一个重要特征就是强调人与自然的和谐统一，就是把我们人类看作自然世界的和谐组成部分。在新的时期，我们提出尊重自然、顺应自然、保护自然，这是对中华文明的大力弘扬，我们要用勤劳智慧的双手建设美丽中国，实现我们民族永续发展的中国梦想。

因此，美丽中国不仅表现在江山如此多娇方面，更表现在丰富的大美文化内涵方面。中华大地孕育了中华文化，中华文化是中华大地之魂，二者完美地结合，铸就了真正的美丽中国。中华文化源远流长，滚滚黄河、滔滔长江，是最直接的源头。这两大文化浪涛经过千百年冲刷洗礼和不断交流、融合以及沉淀，最终形成了求同存异、兼收并蓄的最辉煌最灿烂的中华文明。

五千年来，薪火相传，一脉相承，伟大的中华文化是世界上唯一绵延不绝而从没中断的古老文化，并始终充满了生机与活力，其根本的原因在于具有强大的包容性和广博性，并充分展现了顽强的生命力和神奇的文化奇观。中华文化的力量，已经深深熔铸到我们的生命力、创造力和凝聚力中，是我们民族的基因。中华民族的精神，也已深深植根于绵延数千年的优秀文化传统之中，是我们的根和魂。

中国文化博大精深，是中华各族人民五千年来创造、传承下来的物质文明和精神文明的总和，其内容包罗万象，浩若星汉，具有很强文化纵深，蕴含丰富宝藏。传承和弘扬优秀民族文化传统，保护民族文化遗产，建设更加优秀的新的中华文化，这是建设美丽中国的根本。

总之，要建设美丽的中国，实现中华文化伟大复兴，首先要站在传统文化前沿，薪火相传，一脉相承，宏扬和发展五千年来优秀的、光明的、先进的、科学的、文明的和自豪的文化，融合古今中外一切文化精华，构建具有中国特色的现代民族文化，向世界和未来展示中华民族的文化力量、文化价值与文化风采，让美丽中国更加辉煌出彩。

为此，在有关部门和专家指导下，我们收集整理了大量古今资料和最新研究成果，特别编撰了本套大型丛书。主要包括万里锦绣河山、悠久文明历史、独特地域风采、深厚建筑古蕴、名胜古迹奇观、珍贵物宝天华、博大精深汉语、千秋辉煌美术、绝美歌舞戏剧、淳朴民风习俗等，充分显示了美丽中国的中华民族厚重文化底蕴和强大民族凝聚力，具有极强系统性、广博性和规模性。

本套丛书唯美展现，美不胜收，语言通俗，图文并茂，形象直观，古风古雅，具有很强可读性、欣赏性和知识性，能够让广大读者全面感受到美丽中国丰富内涵的方方面面，能够增强民族自尊心和文化自豪感，并能很好继承和弘扬中华文化，创造未来中国特色的先进民族文化，引领中华民族走向伟大复兴，实现建设美丽中国的伟大梦想。

目 录

景区美景

三江并流

　　三江并流是指金沙江、澜沧江和怒江这三条发源于我国青藏高原的大江，它们在云南省境内自北向南并行奔流170多千米，穿越担当力卡山、高黎贡山、怒山和云岭等崇山峻岭之间，形成世界上罕见的"江水并流而不交汇"的奇特自然地理景观。是我国境内面积最大的世界自然遗产。

　　三江并流自然景观包括9个自然保护区和10个风景名胜区。它是世界上罕见的高山地貌及其演化的代表地区，也是世界上生物物种最丰富的地区之一。三江并流地区是世界上蕴藏最丰富的地质地貌博物馆。

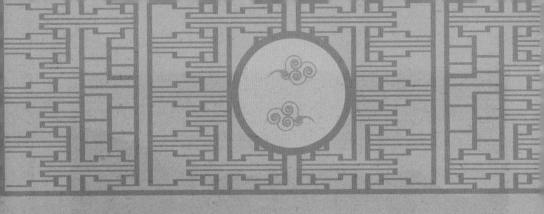

奔腾奇特的"三江"地貌

在我国"彩云之南"的云南省西北部，存在着一个令人叹为观止的自然现象：3条大江与山脉互相夹持，平行地奔流了170多千米，相隔最近的地方直线距离只有66千米，这就是美丽而神奇的三江并流。

　　三江并流位于滇西北青藏高原南延的横断山脉纵谷地区，包括怒江州、迪庆藏族自治州以及丽江地区、大理白族自治州的部分地区，西与缅甸接壤，北与四川、西藏毗邻。

　　4000万年前，印度次大陆板块与欧亚大陆板块大碰撞，引发了横断山脉的急剧挤压、隆升、切割，高山与大江交替展布，形成世界上独有的三江并行奔流170多千米的自然奇观。

　　三江并流自然景观由怒江、澜沧江、金沙江及其流域内的山脉组成，景区有怒江、独龙江、澜沧江、金沙江等3个风景片区，8个中心景区，60多个风景区，面积3500多平方千米。

　　景观主要有：奇特的三江并流，雄伟的高山雪峰，险要的峡谷险滩，秀丽的林海雪原，幽静的冰蚀湖泊，少见的板块碰撞，广阔的雪山花甸，丰富的珍稀动植物，壮丽的白水台，独特的民族风情，构成了雄、险、秀、奇、幽等特色。

　　它地处东亚、南亚和青藏高原三大地理区域的交会处，是世界上罕见的高山地貌及其演化的代表地区，也是世界上生物物种最丰富的地区之一。

　　在三江并流的怒江、澜沧江、金沙江中，怒江位居三江并流的西部，是我国西南地区的大河之一，又称潞江，上游藏语叫"那曲河"，发源于青藏高原的唐古拉山南麓的吉热拍格。

　　它深入青藏高原内部，由怒江第一湾西北向东南斜贯西藏东部平浅谷地，入云南省折向南流，经怒江傈僳族自治州、保山市和德宏傣族景颇族自治州，流入缅甸后改称萨尔温江，最后注入印度洋安达曼海。

　　怒江水流湍急，汹涌澎湃，堪称"三江第一怒"。怒江在怒江州内的流程为316千米，平均落差在三江中最大。怒江第一怒，在离州府68千米处的亚碧罗，一年四季水势汹涌，浪高10余米，狂奔2千米。

　　怒江在我国最早的地理著作《禹贡》中被称为黑水，因其流经怒夷界，即今怒江州而得名。古人有诗叹道：

> 怒江之水向南流，流到朱波怒未休。
> 多少膏腴人不识，天藏美中在逶陂。

到了冬春季节，怒江流水却波澜不惊、平稳温柔、清澈见底，犹如一条碧玉带缓缓流淌舒展开来，在不经意间，磨砺出许多五光十色的鹅卵石，荡漾出一块块缠绵的沙滩和一些零星美妙的小岛。

怒江大峡谷位于云南省怒江傈僳族自治州境内，全长316千米，两岸山岭海拔均在3千米以上，因它落差大，水急滩高，有"一滩接一滩，一滩高十丈"的说法，十分壮观。两岸多危崖，又有"水无不怒古，山有欲飞峰"之称，每年平均以1.6倍黄河的水量像骏马般的奔腾向南。

怒江大峡谷以两山夹一江之势而形成，西为高黎贡山，东是怒山山脉。山高水长的景观，再加上丰美肥沃的土地，以及独特的民族风情，使其充满了美丽神秘的色彩。

怒江就这样昼夜不停地撞击出一条山高、谷深、奇峰秀岭的巨大峡谷。据掌握的资料，这是仅次于雅鲁藏布江大峡谷及美国西南部长460多千米、深达1.8千米的科罗拉多大峡谷的世界第三大峡谷。

在怒江州境内，4千米以上高峰有20余座，群山南北逶迤、绵亘起伏，雪峰环抱，雄奇壮观。湖泊遍布，比较著名的有泸水县高黎贡山的听命湖，福贡县碧罗雪山的干地依比湖、恩热依比湖、瓦着低湖等。

这些高山湖清澈幽静，是由长年冰蚀形成的许多大小不等的湖泊。湖两岸原始森林密布，珍禽异兽繁多，古木参天，松萝满树，幽中显古，蔚为壮观。

澜沧江位居三江并流的中间，从滇藏高原沿云岭山脉绵延南去。是我国西南地区的大河之一，是世界第九长河，亚洲第四长河。

澜沧江经缅甸、老挝、泰国、柬埔寨、越南，在越南南部胡志明市南面注入太平洋的南海，总流域面积81万平方千米，是亚洲流经国家最多的河，被称为"东方多瑙河"。

　　澜沧江在我国境内长2179千米，流经青海、西藏、云南3省，其中在云南境内1247千米，流域面积16.5万平方千米，占澜沧江——湄公河流域面积的22.5%，支流众多，较大支流有沘江、漾濞江、威远江、补远江等。

　　澜沧江上中游河道穿行在横断山脉间，河流深切，形成两岸高山对峙，坡陡险峻V形峡谷。下游沿河多河谷平坝，著名的景洪坝、橄榄坝各长8千米。

　　境内径流资源丰富，多年平均径流量740亿立方米。河道中因险滩急流较多，只有威远江口至橄榄坝段可行木船和机动船。

　　金沙江位居三江并流的东部，发源于青海境内唐古拉山脉的格拉丹冬雪山北麓，是西藏和四川的界河。

金沙江河谷地貌特征可以德格县白曲河口和马塘县玛曲河口附近分为上、中、下三段。其中上段为峡宽相间河谷段，中段为深切峡谷段，下段为峡谷间窄谷段。

从云南省丽江纳西族自治县石鼓镇至四川省新市镇为金沙江中段，河长约1220千米，江水奔流在四川、云南两省之间。金沙江过石鼓后，流向由原来的东南向，急转成东北向，形成奇特的"U"型大弯道，成为长江流向的一个急剧转折，被称为"万里长江第一湾"。在石鼓镇以下，江面渐窄，至左岸支流硕多岗河口桥头镇，往东北不远即进入举世闻名的虎跳峡。

虎跳峡上峡口与下峡口相距仅16千米，落差竟达220米。是金沙江落差最集中的河段。峡中水面宽处60米，窄处仅30米，并有巨石兀立

江中，相传曾有猛虎在此跃江而过，故名虎跳石，虎跳峡也由此得名。

虎跳峡内急流飞泻、惊涛轰鸣，最大流速达每秒10米。峡谷右岸为海拔约5.6千米的玉龙雪山，左岸为海拔约5.4千米的哈巴雪山，两山终年积雪不化。峡内江面海拔不足1.8千米，峰谷间高差达3千米。峡中谷坡陡峭，悬崖壁立，呈幼年期"V"型峡谷地貌。

关于金沙江内长江第一湾来历，还有一个这样的传说：

据说，怒江、澜沧江和金沙江本来是三姐妹，因为她们三人不愿西嫁，便偷偷从家里跑出来投奔东海而去。

父母得知三位姑娘逃跑后，非常生气，派玉龙和哈巴两兄弟挡在她们去东海的路上。怒江和澜沧江在沙松碧村望见了两位哥哥，不敢前走，于是不去东海了。她们选择了南去的路，却劝服不了金沙姑娘，只好生气地离开。

虽然两位姐姐远去了，而金沙姑娘去东海的决心依然不变，毅然转身直冲哥哥的拦阻之地，最终冲破了阻拦，汇入了东海。她转身的地方，就形成了著名的"长江第一湾"景观。

知识点滴

雄伟险峻的高黎贡山区

　　三江并流景区内有怒江、独龙江、澜沧江、金沙江等3个风景片区，8个中心景区，60多个风景区，这8个中心景区分别是高黎贡山区、梅里雪山区、哈巴雪山区、千湖山区、红山区、云岭片区、老君

山区和老窝山区等。

其中，高黎贡山区是三江并流区域内植物物种多样性的集中展示区。

高黎贡山国家级自然保护区位于怒江西岸，这里山势陡峭，峰谷南北相间排列，有着极为典型的高山峡谷自然地理垂直带景观和丰富多样的动植物资源。

高黎贡山区是展现怒江流域典型地貌特征的博物馆，包括了"怒江第一湾"及周边地区为代表的怒江深切河曲地质景观，其中的石月亮是怒江流域高山喀斯特溶洞景观的典型代表。

高黎贡山源于西藏念青唐古拉山脉，自北向南横亘在云南西部中缅边境地区，它的东面是怒江大峡谷，西面是伊洛瓦底江。

高黎贡山，旧名昆仑岗。高黎贡山气势雄伟，高峻迷人。其地理位置独特，是祖国西南边陲的天然屏障。山上既有神秘莫测的千年原始

森林，软绵绵的高山草甸，水波飞流的多叠瀑布，还有风雨沧桑、闻名遐迩的南方丝绸古道和炽热沸腾的高山温泉。

高黎贡山海拔3千米，山势陡峭险峻，山顶白雪皑皑，山腰白云缭绕，山脚野花芬芳，素有"一山分四季，十里不同天"之说，是进行科学考察、旅游观光、山地探险的理想胜地。

与高黎贡山隔江相望的是怒山山脉，这座延绵数千千米的大山，位于怒江与澜沧江之间。它虽不如高黎贡山那样雄奇险峻，但海拔都在3千米以上，而且山峦起伏，小路崎岖，是形成怒江大峡谷不可缺少的部分。

在高黎贡山腹地，分布着大大小小90多座形似铁锅的新生代火山。"好个腾越州，十山九无头"，当地的民谣形象地描述了火山群的壮丽奇观。

高黎贡山的众多火山之间，热浪蒸腾，数百眼热泉、温泉散落当中，构成了我国三大著名的地热区域之一的"腾冲热海"，高达98摄氏度的硫黄塘"大滚锅"热浪冲天。火山地热并存，是世界上绝无仅有的奇观。

高黎贡山保护区地处怒江大峡谷，属青藏高原南部，横断山西部断块带，印度板块和欧亚板块相碰撞及板块俯冲的缝合线地带，是著名深大断裂纵谷区。

山高坡陡切割深，垂直高差达4千米以上，形成极为壮观的垂直自然景观和立体气候。鬼斧神工塑造了无数雄、奇、险、秀景观，像银河飞溅、奇峰怪石、石门关隘、峡谷壁影等一幅幅壮景，而且奇峰怪石随处可见。

高黎贡山地热资源十分丰富，区域分布有许多温泉，如百花岭阴阳谷温泉、金场河温泉、摆洛塘变色温泉。仅腾冲县境内就有80多处温泉。

在高黎贡山内，保存有公元前4世纪著名的南方丝绸之路，比北方丝绸之路要早200多年的历史。路面全部用石块砌成，沿路风光秀丽，历史古迹众多。

高黎贡山是怒江和伊洛瓦底江的分水岭，区域内有80多条河流分别流入这两条江。这些河流由于落差大常超过2千米，形成了许多美丽的瀑布、叠水，如百花岭阴阳谷三级瀑、美人瀑、高脚岩瀑布群、大坝河口瀑布等。

三叠水位于芒宽行政村西，山岩属于峭壁型天然的岩石阶梯。河流由西向东流下，形成了天然的流水重复呈现，呈三叠状，故名"三叠水"。

在第三叠瀑布前，只见崖壁如刀削斧凿，在巨崖壁中，灌木丛生，藤蔓交错，一条细小的瀑布从突兀的崖石顺势而下约10余米，忽地躲入一块侧壁，忽隐忽暗。水雾腾袅，"哗哗"作响。

从第三叠瀑布南侧顺势而上，就到了第二叠瀑布。一堵高约30多米的巨崖，圆滑如卵，苔藓偶尔点缀其上，瀑布顺石而下。

瀑布尽头，一座气势轩昂的庙宇矗立，屋檐、门窗雕龙刻凤，五彩斑斓。庙宇门前，山墙的柱子疙瘩横生，给人一种四平八稳、历尽千年而不衰之感。一泓清水从庙宇壁前绕过，跌入第三叠瀑布。

从第二叠瀑布前的石阶拾级而上，就到了第一叠瀑布前。一堵状如侧游时的鱼脊般的石岩矗立，高约30多米，如鱼抢水。

"鱼头"处，一条状如利刃尖的瀑布流下约2米，平滑的石崖似忽然被人用刀砍去数口，瀑布就在凸凹不平处撞击，原本一条的瀑布忽然开阔起来，形成两边高，中间平的纺锤形凹槽，瀑布便撒开，鳞鳞如鱼纹，瀑布水清如雪。

在"鱼尾"处，崖石陡地合拢，原来的凹槽形成一条沟，不紧不慢的水陡地在此处汇聚，水鱼贯而下，流入一轮月牙似的水池，荡漾不止，池中横卧一尊状如河马的石头。最后水从一座庙宇旁流下冲入第二叠。

第一叠瀑布，能让人们感受到天然的古朴，人为的巧夺天工。

白花岭大瀑布从两座对峙的山谷间，北面朝阳的山岭的半山腰一泻而出，迅速遁入一堵上窄下宽的"井"型岩石，随后便一跌而下约四五米，忽地钻入丛林中，忽隐忽现，而响声却十分地震耳。

至瀑布前约30米外，直流而下的瀑布水雾腾袅。原远观四五米长

的瀑布，此时顿显宽大了许多，长约30余米，直径约5米，如数十条或粗或细，或挺或柔的白纱组成。在水雾迷蒙间，仿佛在不停地飘。

而瀑布的响声却富有变化，不会显得单调而沉闷。瀑布下，横石参差，七形八状。

从白花岭澡塘河沿山势而上，几经拐弯，就到了美人瀑。美人瀑高约五六丈，上窄下宽，岩石成黛色，无论远观还是近看，瀑布宛如一位亭亭玉立的美女在脱衣沐浴，黛色的"皮肤"柔润，长长的瀑布犹如美女的披肩长发，缕缕"青丝"垂于脚跟，泛着晶莹的光芒。瀑布两侧的崖石和树木犹如护花使者，在静静地守护着"美人"沐浴，浪漫至极。

高黎贡山是横断山脉中的一颗明珠，森林覆盖率达85%，高山峡

谷复杂的地形和悬殊的生态环境，为各种动植物提供了有利的自下而上的条件。

高黎贡山巨大的山体，阻挡了西北寒流的侵袭，又留住了印度洋的暖湿气流，使地处低纬度高海拔的保护区，形成了典型的亚热带气候。

在东西坡海拔1.6千米至2.8千米地区，是高黎贡山区域的主体，它连接东喜马拉雅区，组成了我国最引人瞩目的原始阔叶林区。

这里的珍贵植物，主要有国家一级保护植物古老的桫椤和高大的秃杉。世界上最高大的杜鹃，仅产于高黎贡山的大树杜鹃，以及香水月季、天麻、云南红豆杉等。

大树杜鹃王，位于高黎贡山区域的山林里，基部最大直径3米多，

分为5杈，树高约15米，树龄500年以上，是目前发现的树龄最老、直径最粗的大树杜鹃，是高黎贡山的植物明星，堪称国宝。

高黎贡山区域内生活着各种野生动物，属国家保护的野生动物就有30种。高黎贡山自然保护区的动物，同时拥有热带、亚热带动物和耐寒的高山动物。区域最重要的保护对象为白眉长臂猿和羚牛，这两种动物极其珍贵。

知识点滴

怒江西岸的高黎贡山山脉中段，有一座高耸入云的山峰，在海拔约3360多米的地方，有一个大理岩溶蚀而成的穿洞，洞深约百米，洞口宽约四五十米，高30米左右，行人在几百千米以外眺望对面山巅峰顶时，会通过石洞看到山那边明亮的天空，恰似一轮明月，高悬天空，当地人称它为亚哈巴，意思是石月亮。

石月亮有个神奇的传说：在远古的时候发大水，管天的人见村里没有人做船，便派女儿下去帮人们做了一艘大船。

果然有一天，大水涨了，水涨船高，女儿把怀里的明镜丢入水中，水退了。管天人的儿子趁机射了3箭，把石壁射穿了，因此，在高黎贡山石壁峰上留下了一个山洞。

傈僳族人都说他们的祖先在石月亮底下生活时，受到石月亮的护卫关怀。

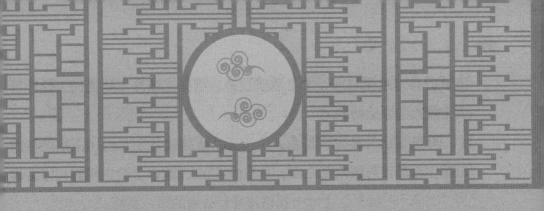

三江内堪称最美的两大雪山

　　在三江并流的8个中心景区中，梅里雪山区和哈巴雪山区是两个雪山风景区，它们堪称三江并流中最美的雪山。

　　梅里雪山处于世界闻名的金沙江、澜沧江、怒江三江并流地区，北连西藏阿冬格尼山，南与碧罗雪山相接。梅里雪山区，既有澜沧江

流域的典型地貌特征、丰富地质遗迹，更是三江并流地的代表性物种滇金丝猴的原始栖息地。

梅里雪山又称太子雪山，位于云南省德钦县东北约10千米的横断山脉中段怒江与澜沧江之间。平均海拔在6千米以上的山峰有13座，称为"太子十三峰"。主峰卡瓦格博峰是云南的第一高峰。

由于梅里雪山的地势北高南低，河谷向南敞开，气流可以溯谷而上，受季风的影响大，干湿季节分明，而且山体高峻，又形成迥然不同的垂直气候带。

4千米雪线以上的白雪群峰峭拔，云蒸霞蔚；山谷中冰川延伸数千米，蔚为壮观。较大的冰川有纽恰、斯恰、明永恰。

而雪线以下，冰川两侧的山坡上覆盖着茂密的高山灌木和针叶林，郁郁葱葱，与白雪相映出鲜明的色彩。林间分布有肥沃的天然草场，竹鸡、漳子、小熊猫、马鹿和熊等动物活跃其间。

梅里雪山以其巍峨壮丽、神秘莫测而闻名于世。早在20世纪30年代，美国学者就称赞梅里雪山的卡瓦格博峰是"世界最美之山"。

梅里雪山主峰卡瓦格博峰海拔6.7千米，由于独特的地形和气候因素，至今仍无人成功登顶。它是云南第一高峰，为藏传佛教宁玛派分支伽居巴的保护神。

其峰型有如一座雄壮高耸的金字塔，时隐时现的云海，更为雪山披上了一层神秘的面纱。

卡瓦格博峰下，冰斗、冰川连绵，犹如玉龙伸延，冰雪耀眼夺目，是世界稀有的海洋性现代冰川。

梅里雪山是云南最壮观的雪山山群，数百千米绵延的雪岭雪峰，占去德钦县34%的面积。

迪庆藏族人民生活在梅里雪山脚下，留下了世世代代的生存痕迹，也将深厚的文化意蕴赋予了梅里雪山。梅里雪山不仅有"太子

十三峰"，还有雪山群所特有的各种雪域奇观。

卡瓦格博峰的南侧，还有从千米悬崖倾泻而下的雨崩瀑布，在夏季尤为神奇壮观。因其为雪水，从雪峰中倾泻，故而色纯气清；阳光照射，水蒸腾若云雾，水雾又将阳光映衬为彩虹。

雨崩瀑布的水，在朝山者心中也是神圣的，他们诚心受其淋洒，求得吉祥之意。

雪山的高山湖泊、茂密森林、奇花异木和各种野生动物，也是雪域特有的自然之宝。

高山湖泊清澄明静，在各个雪峰之间的山涧凹地、林海中星罗棋布，而且神秘莫测，若有人高呼，就有"呼风唤雨"的效应，故而路过的人几乎都敛声静气，不愿触怒神灵。完好、丰富的森林，就是藏民们以佛心护持而未遭破坏的佛境。

梅里雪山上的植物属于青藏高原高寒植被类型。在有限的区域内，呈现出多个由热带向北寒带过渡的植物分布带谱。

在海拔2千米至4千米左右，主要是由各种云杉林构成的森林。森林的旁边，有着绵延的高原草甸。夏季的草甸上，无数叫不出名的野花和满山的杜鹃、格桑花争奇斗艳，竞相开放，犹如一块被打翻了的调色板，在由森林、草原构成的巨大绿色地毯上，留下大片的姹紫嫣红。

独特的低纬度冰川雪山、错综复杂的高原地形、四季不分而干湿明显的高原季风气候，使梅里雪山成为野生动物的天堂。

这里有国家一级保护动物滇金丝猴、金钱豹、云豹和羚牛等。

二级保护动物有黑熊、小熊猫、猞猁、黑麝、大灵猫和小灵猫等。还有珍稀的白尾稍虹雉和雉鹑，以及凤头鹰、红隼、血雉等113种可爱的鸟类。

哈巴雪山自然保护区，位于云南西北部迪庆藏族自治州中甸县境内。东南部以金沙江虎跳峡为界，与丽江玉龙雪山隔江对峙，西部以

哈巴洛河为界，南部以冲江河为界，北部以恩怒梁子、哈巴小箐为界。南北长约25千米，东西宽约22千米。

哈巴雪山区内，拥有我国纬度最南的现代海洋性冰川和金沙江流域典型完整的高山垂直带自然景观。

哈巴雪山自然保护区是以保护高山森林垂直分布的自然景观，以及滇金丝猴、野驴、狸、猴为目的而设立的寒温带针叶林类型的自然保护区。

哈巴雪山，是因第四纪阿尔卑斯——喜马拉雅构造运动而隆起的。整个保护区海拔4千米以上是悬崖陡峭的雪峰、乱石嶙峋的流石滩和冰川。

海拔4千米以下地势较平缓，地貌呈阶梯状分布，保护区内气候呈明显的立体分布，海拔从低至高依次分布着亚热带、温带、寒温带、寒带气候带，可称整个滇西北气候的缩影。

哈巴雪山山顶发育的现代冰川为悬冰川，是我国纬度最南的海洋性冰川，至今还保留有许多古冰川遗迹，如角峰、刃脊、U形谷和羊背石。最典型的古冰水形成的众多的冰碛湖，如黑海、圆海、黄海、双海等，湖水因湖底石色而异，水温极低，有无水藻和鱼类生存。

哈巴雪山主峰终年冰封雪冻，显得挺拔孤傲，四座小峰环立周围，远远望去，恰似一顶闪着银光的华丽皇冠。随着时令、阴晴的变化交替，雪峰变幻莫测，时而云遮雾罩，宝鼎时隐时现；时而云雾缥缈，丝丝缕缕荡漾在雪峰间，真可谓有"白云无心若有意，时与白雪相吐吞"之妙。

"哈巴"为纳西语，意思是金子之花朵。哈巴雪山和玉龙雪山，在民间传说中被看作是弟兄俩，金沙江从两座高大挺拔的雪山中间流过，形成了虎跳峡。

哈巴雪山保护区内分布着众多的高山冰湖群，大部分海拔都在3.5千米以上。其中，以黑海、圆海、双海、黄海风景最佳，体现了大理冰期时的古冰斗积水而形成的冰川遗迹，是三江并流地区唯一的"大理冰期"冰川遗迹分布区。

在哈巴雪山自然保护区内，自然景观除雪山、湖泊、杜鹃外，还有许多悬泉飞瀑，或清漪奇秀、丝丝缕缕，或气势汹涌、声喧如雷。

其中尤为壮美的尖山瀑布，高40米，水流充沛，气势恢宏。水从崖顶跌落，化为蒙蒙细雨，有时在阳光的折射下，水雾幻化成七色彩虹，景致十分奇妙。

哈巴雪山瀑布的另一奇景在主峰西北侧，当地人称为"大吊水"。该瀑布高近200余米，其源头在雪线之上，属季节性瀑布。

每年4月至9月，冰雪融化，雪水沿陡峭的断崖奔泻而下，形成娟

秀奇丽的哈巴大吊水瀑布。皑皑雪峰，云雾缥缈，飞流破云而出，如
天河入尘，有"飞流直下三千尺"之气势。

知识点滴

　　哈巴雪山亿万年来静静地伫立着，时间似乎在这里凝滞，所有世间的沧桑变幻在她眼中不过是弹指一挥间。那些千奇百态的角峰、刃脊、U形谷和羊背石，据说就是古冰川在她身上留下的遗迹，清晰得如同刚刚发生。

　　海拔约5.4千米的哈巴雪山高高地隐在云雾中，山麓下是深深的哈巴大峡谷。一高一下，鬼斧神工，若不是上天的奇迹怎会有这等人间胜景？

　　三江并流是大自然留给人类最后的遗产，也是人间最后一块圣洁之地，矗立其中的哈巴雪山则是圣地的最高峰。在这里，哈巴已不再仅仅是一座雪山，她更是人间最接近天堂的地方。

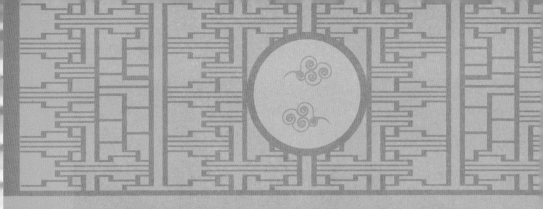

以高山湖泊为主的两大区域

　　三江并流内的老窝山片区和老君山片区境内景致主要以高山和湖泊为主。

　　老窝山是碧罗雪山主峰，海拔约4.4千米。老窝山位于兰坪白族普米族自治县中排乡境内，地处澜沧江西岸，碧罗雪山的东面，西与福

贡县一山之隔，北与维
西县相连，南通兰坪县
的石登乡和营盘镇。

老窝山到澜沧江边
最低海拔约1.5千米，直
线不到10千米，相对高
差约2.9千米。登顶东
望，可见东面的玉龙雪
山、哈巴雪山、金丝场
雪山、老君山、雪邦山
在云海中隐现。

老窝山在傈僳语的
意思为"群龙居住的地
方"。历史上的"盐
马古道"从山中穿越，著名的南坪桃花盐便是通过这条古道运至缅甸
的，是世界上最险要的古道之一。现在已被"背包族"开辟为一条比
较经典的徒步旅游线路。

老窝山片区是澜沧江流域的景观资源类型补充片区，以高山湖
泊、高原草甸和野生花卉资源为保护重点，整个地区是进入三江并流
地区的始端，被称为"三江之门"，属高海拔原始自然生态环境。

群山间的密林中飞瀑密布，高山湖泊云集，分布着大小不等的15
个高山湖泊，被人们称作万千湖之山，湖泊的海拔从3.5千米至4千米，
最大的湖是鸡夺鲁湖，面积约5000平方米。

老窝山片区的北部由8个湖的湖水汇流组成松坡河。整个老窝山

自然保护区的高山湖泊形态奇异，出口的落差极大，形成无数高山瀑布，最高的瀑布近200米，比"飞流直下三千尺，疑是银河落九天"的景象美得多。

老窝山3个片区组成的自然景观神奇得让人吃惊。

鸡夺鲁村西南面的高湖十八湾，面积约4800平方米，该湖源头的南面和西南分别有高山峡谷的融雪飞流而下注入该湖，说它是湖但又不是满湖是水，而是小片小片的小湖组成的一片湖群。

湖群又汇成一条宽约5米、深2米的河道，弯弯曲曲缓缓流淌，明镜的水面在山竹丛中形成一道道如梦的仙境，居高俯视，就像一条条织锦飘落大地。

鸡夺鲁村西北面的鸡夺鲁湖面积最大，湖里雪山相映，青波荡漾，湖水出口就形成一大高瀑，水声隆隆，密林中只见雾霭冉冉升腾，恰似"白龙飞天"。

老窝河的源头是念布依比湖，湖的四周冷杉环抱，显得寂静、神秘。清澈的湖水慢悠悠流淌出山谷形成近3千米长的河道，与河道两岸的多个小湖组成一道宽约500米的湿地草甸。

草甸的四周，山、冷杉、杂木依河而立，3千米的河谷，在阳光的照射下，如同一片金秋的稻田耀眼夺目。

念布依比湖从外观看，就像一座人工水库，近百米高的山崖陡壁自然形成水库的大坝，湖水入山崖的丛林间跌落成瀑布并成水库天然的溢洪道。

念布依比湖的北面群山间还有8个高山湖依山而形成梯状排列，最高海拔约4千米，鸟瞰湖群如同天空的北斗星，故当地傈僳族人称为"实依比"，意为七星湖。

　　站在老窝山顶，视野极其开阔，往西可见高黎贡山主峰嘎哇嘎普，往北可见白马雪山和太子雪山，往东可以看见梅里雪山和玉龙雪山，三江并流地区的江山一览无余，春夏之交，山中云雾腾升，登临绝顶观旭日东升或夕阳西下，颇为壮观。

　　三江并流中的老君山位于云南省丽江西部，由龙潭片区、金丝厂片区、黎明丹霞地貌片区、利增滇金丝猴保护区、白崖寺片区和新主天然植物园及金沙江等"六片一线"组成。

　　老君山，相传因太上老君在此架炉炼丹而得名。金沙江环其左，澜沧江绕其右，是世界自然遗产三江并流国家重点风景名胜区的重要组成部分，被誉为滇山之太祖、地球原貌的再现。

　　老君山具有特殊的区位优势，它北接三江并流国家重点风景名胜区迪庆片区；西部与三江并流国家重点风景名胜区怒江片区兰坪县的罗古箐景区相连；东北部有主干道与玉龙山风景名胜区连接，南部与大理苍山洱海国家风景名胜区的剑川石宝山风景区、剑川剑湖景区相毗邻。

玉龙雪山、苍山洱海、三江并流3个国家重点风景名胜区在这一带交汇。

老君山以错落有致的高山湖泊，神奇壮丽的丹霞地貌，良好的生态系统和多种珍稀动植物资源，充分体现出三江并流的地质多样性、生物多样性和景观多样性。

在三江并流区域中，老君山系因地壳运动形成独有特色的多元地貌及生物多样性引起世界瞩目，被植物学家称为北半球物种最富集的地区之一，是北半球珍稀濒危物种的避难所。

老君山主峰太上峰海拔约4.2千米，南部次主峰太乙峰海拔约4.2千米，山脉主脊线海拔4千米。人们可登主峰岭脊，北眺玉龙雄姿，东瞰

剑湖明镜，西览碧罗诸峰，感受滇西北地区山脉横断、江河并流、重山叠岭的恢宏气势。

在老君山主脊线北东侧海拔3.8千米以上的山坳里，有湖泊、沼泽数十个，沿溪流成串分布，黑龙潭、月湖、姐妹湖、三才湖等20多个高山湖泊，犹如镶嵌于山林中的珍珠，组成罕见的冰蚀湖群，民间称为"九十九龙潭"。

老君山具有典型的立体气候特征，从金沙江河谷到山顶，气候特征从亚热带干热河谷——温带——寒带，形成完整的垂直气候分带及相应的自然景观，云南松林、西南桦树林、小果垂枝柏林、云杉、冷杉、高山灌丛、山顶杜鹃曲林、石滩荒漠植物带和高山草甸，构成了老君山区域环境的绿色基调。

老君山的高等植物有145种，785属，3200余种，其中濒危孑遗植物十分丰富，有香杉、红豆杉、三尖杉、水青树、黄杉等。

老君山还是云南最著名的"药材之乡"，盛产云木香、当归、天麻、贝母、大黄、虫草、虫楼等上百种药材。

老君山黎明丹霞地貌区，主要分布在黎明傈僳族乡境内，包括黎明、黎光、美乐、堆美4个行政村片区，总面积达250平方千米，是国内面积最大、发育最完整的丹霞地貌。

黎明丹霞风光不仅分布广、面积大，而且山体壮观、景色绚丽、发育典型，具有顶平、身陡的明显特点。黎明丹霞地貌以其高海拔而著名，达到了海拔4.2千米。由于高海拔的原因，形成极端的冻融气候，从而造就了神奇的丹霞地貌特征。

其中，包括"龟甲"地表分布类型。最为典型有千龟山，因红砂岩表面发生干裂，干裂的缝隙里发生了风化和侵蚀作用，于是就形成

一系列有缝隙的凸形地形，形如乌龟。其景观的规模和质量，在国内最具代表性，堪称我国一绝。

同时，黎明丹霞地貌的相对高度、绝对高度以及壮观程度、色彩绚丽程度均属全国之首，发育完整，景观质量高，神鸟彩屏、睡佛、五指山、情人柱、自然佛、炼丹炉、石棺山等自然景观，极具代表性和独特性。

此外，由于黎明丹霞地貌景观相对集中，空间距离小，造就了一天太阳三起三落的天象奇观。人们自豪地称黎明是太阳永远照耀的地方。

在老君山区，散落着许多大小不一、形状各异的小湖泊，它们或三个一群，或两个一组，净若明镜地镶嵌在山腰草坪间。

谁也不知这些湖泊在老君山上有多少个，也不知它们是怎么形成的，它们神秘静谧令人心生神圣。有人说它们是冰蚀湖，也有人大胆猜测它们是远古陨星落成的陨星湖，当地人都把它们称为龙潭。

其中双湖是两个若连若散的小湖，各有其形又相互依持，神秘纯美中透着幽幽情韵。伴着双湖的是成片的杜鹃林，春季来看杜鹃，花红映龙潭是独特的美景。成片的杜鹃不受惊扰的自由开放，被花簇拥的龙潭也会显出娇媚的姿色。

知识点滴

关于老君山的"九十九龙潭"的来历，还有一个传说。

在很久以前，纳西国的木天王到老君山巡视，当他看见老君山后，他便喜欢上了这里，并打算在此建造一座属于自己的行宫。

可是，由于老君山内没有水，为他修建行宫的人们必须要到很远的地方才能吃上水。

一次，木天王的朋友龙王三太子经过这里，看见人们没有水喝，很辛苦，便悄悄为老君山内的一户人掘了一眼水井。

不久，这件事被木天王知道了，他才明白，原来这里是龙王爷的家。

第二天一早，木天王便慌忙下令停止对自己行宫的修建。当工人们走上他们开辟的磐石路上回家的时候，突然，狂风大作，乌云裹吞了老君山，雷鸣闪电，瓢泼大雨倾倒下来，顿时在一声轰隆的天塌地陷的巨响声里，在民工们移山填谷的营造行宫的工地上，倏地出现了一潭串着一潭的龙潭水，仿佛像一块块镜子镶嵌在老君山的老林里。

从这以后，老君山便出现了"九十九龙潭"。

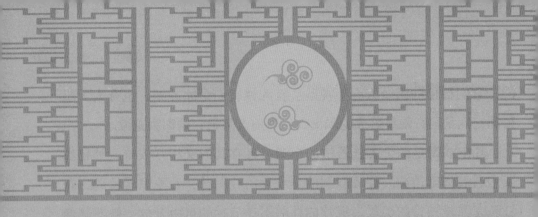

三江并流内的三大区域

在三江并流地区内，除了高黎贡山区、梅里雪山区和哈巴雪山区两个雪山风景区，以及老窝山片区和老君山片区之外，还有另外3个风景区，它们分别是千湖山区、红山区和云岭片区。

千湖山区位于迪庆藏族自治州香格里拉县小中甸乡，包括小中甸

乡和上江乡的局部地区，是金沙江流域原始植被、高原湖泊的集中展示区之一。

千湖山藏语称"拉姆冬措"，意为神女千湖或仙女千湖。湖区分布在海拔3.9千米至4千米地方，以三碧海、大黑海为中心，方圆150平方千米。

这些湖千姿百态，有的圆若明镜，有的长似游鱼；有的开阔平坦，有的幽深宁静；有的半环于山洼深处，有的掩映于杜鹃丛中；有的似珠玉成串，有的孤悬于草甸中间；有的怪石露出如鳄鱼探头。

湖周围被原始森林所覆盖，多为高大笔直的冷杉、云杉。湖畔长满了杜鹃林，多是黄杜鹃、红杜鹃和白杜鹃，花冠硕大，色泽鲜艳。

千湖山区遍布高山冰蚀湖。据不完全统计，大小不一的高原湖泊有100多个。其中，以碧古天池和三碧海为代表，具有独特的高原森林湖泊景观价值。

　　红山区包含金沙江流域典型的高原夷为平面和高山喀斯特等地貌特征完整的古冰川遗迹，以及丰富的植物生态系统、高原湖泊等多种景观类型，是三江并流地区景观资源价值的典型展示区。

　　其中，以尼汝南宝草场、小雪山丫口高原地质景观最具典型意义。尼汝南宝草场集中了高原冰蚀湖属都湖、高山草甸地、硬叶常绿阔叶林生态系统、古冰川遗迹、高原泉华瀑布等类型多、范围大、分布集中的景观资源，是具有极高保护价值和开发潜力的原始景观资源研究展示区域。

　　同时，南宝河古冰川地貌遗迹是三江并流范围内发育最完整，展示最集中的第二期冰川地质遗迹。

　　红山区的尼汝位于三江并流腹地红山景区，这里湖泊星罗棋布，乱石嶙峋，急涧奔流。珍珠般镶嵌的彝家土掌房分布在尼汝河两岸，是三江并流地区世界生物多样性最丰富的地区之一。

　　尼汝河流域水资源十分丰富，尼汝河被尼汝人誉为"母亲河"。尼汝人祖祖辈辈生活在尼汝河流域，生息繁衍，百业俱兴。

　　尼汝河是内金沙江流经迪庆境内的主要一级支流之一，发源于海拔约4.2千米的香格里拉松匡嘎雪山西坡与霍张喀垭口南西侧之间。从河源自北向南，流经尼汝全境到洛吉塔巴迪，全长143千米，流域面积1132平方千米。

尼汝山高谷深，雪山皑皑，草木茂密，物种丰富，湖泊星罗棋布，溪水纵横奔流，鸟语花香，百兽汇聚，自然风光非常独特，生态环境保护完好，人与自然和谐相处，吸引着众多的专家学者前来实地考察研究。许多人被尼汝独特的自然风光而深深地吸引，流连忘返。

三江并流中的云岭片区位于怒江兰坪县境内澜沧江与其支流通甸河之间，主要保护以滇金丝猴为代表的野生动物及其栖息环境，是云南省级自然保护区。

云岭属横断山脉，群峰连绵，白雪皑皑，远眺终年积雪的主峰，犹如一匹奔驰的白马，因而得名"白马雪山"。

为了保护横断山脉高山峡谷典型的山地垂直带自然景观和保持金

沙江上游的水土，1983年在云南省德钦县境内白马雪山和人支雪山的金沙江坡面，划出19万公顷，建立自然保护区。

整个保护区内海拔超过5千米的主峰有20座，最高峰白马雪山达约5.4千米。

保护区气候随着海拔的升高而变化，形成河谷干热和山地严寒的特点，自然景观垂直带谱十分明显。在海拔2.3千米以下的金沙江干热河谷，为疏林灌丛草坡带，气候干旱，植被稀疏。

海拔3千米至3.2千米的云雾山带上，分布着针阔叶混交林，树种组成丰富。

海拔3.2千米至4千米，地势高峻而冷凉，分布着亚高山暗针叶林带，主要由长苞冷杉、苍山冷杉等多种冷杉组成，林相整齐，为滇金丝猴常年栖息之地，是保护区森林资源的主要部分和精华所在。

海拔4千米以上，为高山灌丛草甸带、流石滩稀疏植被带。

海拔5千米以上，为极高山冰雪，每一个都各具特色。

由于云岭保有大面积的原始森林和较完整的自然生态环境，为野生动物提供了很少人为干扰的优良栖息环境，因而对进行自然生态及森林、动物、植物、地质、水文、土壤等多学科研究，具有重要的科学价值。

云岭区白马雪山位于云岭山脉中部，属于国家级自然保护区，被称为"自然博物馆"。它由北向南，横亘在德钦县境东部，为金沙江与澜沧江的分水岭。

白马雪山地势北高南低，山高坡陡，河谷深邃，处在青藏高原向云贵高原的过渡地带。这里正是横断山脉的腹地、三江并流世界自然遗产的核心区。

白马雪山自然保护区在地质构造上，处于欧亚板块与印度板块之间的碰撞地带和缝合线附近。地质构造复杂，近代新构造运动十分活跃。

由于两大板块的长期碰撞与挤压作用，不断出现地壳抬升、褶皱、断裂活动，并拌有岩浆的侵入、喷出和产出区域变质、热力变质等现象。在漫长的地质历史演化过程中，形成了山地地貌、河谷地貌、冰川冻土带地貌类型。

由于独特的地理区位和季风气候的影响，造就了白马雪山极高度的生物多样性。白马雪山国家级自然保护区的植被呈明显垂直分布，形成了壮观的垂直带谱，有7个植被型、11个植被亚型和37个群系。高山亚高山的特殊地理环境，孕育了丰富的森林资源。

在森林类型上，白马雪山国家级自然保护区的森林类型有寒温性针叶林、寒温性阔叶林、温凉性针叶林、温凉性阔叶林、暖性针叶林和暖性阔叶林。

白马雪山保护区蕴藏有多种冷杉属植物，包括中甸冷杉、长苞冷杉、川滇冷杉、苍山冷杉、急尖长苞冷杉、云南黄果冷杉。

知识点滴

千湖山湖区分布在海拔3.9千米至4千米的地方。关于这些湖泊的来历，传说是有仙女在此梳妆，不小心失落了镜子，破碎的镜片散落于群山之中就变成了许许多多的湖泊。

千湖山上共有大大小小近300个高山湖泊，堪称云南高山湖泊最集中的地方。

广西漓江

　　漓江位于华南广西壮族自治区东部，属珠江水系。漓江源于"华南第一峰"猫儿山。漓江是林丰木秀，空气清新，生态环境极佳的地方。漓江包围着整个桂林市，其江水清澈自然，不浑浊。

　　自桂林至阳朔83千米水程，漓江酷似一条青罗带，蜿蜒于万点奇峰之间，沿江风光旖旎，碧水萦回，奇峰倒影、深潭、喷泉、飞瀑参差，构成一幅绚丽多彩的画卷，人称"百里漓江、百里画廊"，是广西壮族自治区东北部喀斯特地形发育最典型的地段。

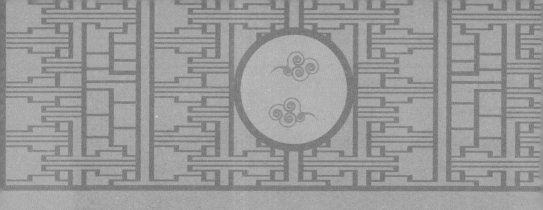

由地质运动变化而来的漓江

　　漓江位于广西壮族自治区东部，属珠江水系。漓江发源于"华南第一峰"—— 桂北越城岭猫儿山，那是个林丰木秀，空气清新，生态环境极佳的地方。

　　漓江上游主流称六峒河；南流至兴安县司门前附近，东纳黄柏江，西受川江，合流称溶江；由溶江镇汇灵渠水，流经灵川、桂林、

阳朔，至平乐县恭城河口称漓江；下游统称桂江，至梧州市汇入西江，全长约437千米，流域面积约5585平方千米。

自古有"桂林山水甲天下"之说，而从桂林到阳朔的83千米漓江水程，便是桂林风光的精华。

唐代大诗人韩愈曾以"江作青罗带，山如碧玉簪"的诗句来赞美这条如诗似画的漓江。

漓江是桂林山水的典型代表，是桂林的灵魂。桂林漓江的诞生，是地质运动的产物。

大约在4亿年前，这片大地还沉睡在茫茫无际的大海之中。后来，地球发生了一次剧烈的地壳运动，这就是著名的"加里东"运动。

桂林在这次地质运动中曾经一度露出水面，成为陆地，可是不久，由于陆地下沉，桂林也随之而慢慢下陷，沉入海底。距今1.5亿年的"三叠纪"时期，地球上又一次剧烈的造山运动"印支运动"降临，把整个桂林乃至整个广西都掀了起来。

后来，经过大约距今2000万年至7000万年前的"山运动"，形成了广西地区众多的高山和谷地。

随着地球的不断运动变化，地壳时升时降，海水时进时退，漫长的历史演变，使桂林一带积累了许多由海水带来的沉淀物。这种含有钙质成分的沉淀物，不断集结，形成层状的石灰岩。

桂林处在分布很广的石灰岩层厚而质纯槽谷平原之中，再经过长期的风化、剥蚀和雨水的溶蚀，独特的桂林景观就发育形成。

于是，桂林山水诞生，漓江也诞生了。

漓江全程的地质概貌，有3个典型的特征：一是漓江的上游的花岗岩地貌；二是漓江中上游与下游部分地段出现的砂页岩地貌；三是漓江中下游的石灰岩地貌。

分布在猫儿山自然保护区的花岗岩石地貌，形成于加里东造山运动期，又受到燕山运动的影响，岩体为碱性花岗岩，与桂林资源县的花岗岩体属于同一岩基。

花岗岩硬度很高，抗风化能力强，所以，猫儿山地区各个山岭山势挺拔，陡峭异常，满目皆是像刀砍斧削一般的悬崖峭壁。

猫儿山地区土壤有机质含量高，矿物质丰富，森林茂盛，水源充足，为各种动植物生长创造了自然条件，它的植被覆盖面积大，岩石裸露的面积少，这等于给岩石穿上了抵抗风雨剥蚀的防护衣。

距猫儿山顶6千米左右的八角田铁杉林，是一条分水岭，一条小溪向北流去，流入龙胜境内，汇入柳江；另一条涓涓小溪从这向南流淌，便是被确认为漓江的源头。

沿着源头一直往下走，开始比较平缓，走了约3千米，小溪的落差越来越大，坡度越来越陡，小溪也壮大起来，水流也变得丰满起来，甚至形成悬泉飞瀑，一路流泻，汇集各路山涧，不断壮大自己。

在漓江的源头地段，因为沉积物搬运的距离短，水流的沉积物少，山石棱角分明，大小杂陈，山谷中巨石林立，如狮蹲虎踞，气象雄伟壮观。

从动力地质学的角度来说，在猫儿山的山脊，涓涓细流冲击力

小，对地形的改造和影响力也就小。

由于"水往低处流"，随着水流往下，细流汇集着沿途的山涧和小溪，流量越来越大，冲击力量越来越强，这股力量切割着地表，把岩石的缝隙冲刷侵蚀分割成一个个山谷，一个个峭壁，一个个悬崖，一个个大石头，落差大的地方达50多米。

在猫儿山上的潘家寨和高寨一带，山腰上的毛竹林青翠欲滴，在风中向人们点头致意。这里水的流速在每秒半米以上，过了高寨，水流变化很大，时缓时急，沉淀物逐渐增多，在凸岸上陈列着砾石浅滩，在凹岸可见水流冲击而成的陡崖或者河心滩。

漓江行至华江山的水埠村，可以断断续续看到一些南北走向的砂页岩，它们覆盖在花岗石上面，这一带的山形水势走向平缓，山顶相对山脚的高度在500米以下，坡度低于20度。

到了山脚的华江乡，就全是砂页岩和板岩地区了，各路汇集水流冲击形成了山间小平原，河床中的卵石明显变小。

漓江水经过溶江镇时，江宽水阔，在灵河与六峒河即华江的交汇处，出现大面积的砾石滩，两股水流会师之后，沿途又汇集灵渠、小溶江、甘棠江等大支流，水势平缓，河床较宽，江面宽100米至200米，水深约2米。

放眼望去，一片冲积平原，两岸植被丰富，秀美野逸，一路山清水秀，田园如画，郁郁葱葱的马尾松成林成片，水稻和树木长势喜人。绿树红花和金黄的稻谷映衬灰瓦白墙的农舍，简直就是一幅米勒笔下的油画，时有三三两两的渔船从江上划过，吆喝着，抒发着劳动的艰辛与欢乐。

知识点滴

"江作青罗带，山如碧玉簪"，这是唐代文学家韩愈描写漓江山水的诗句。可是，据说，韩愈从来没有到过漓江，而他之所以会写出这样的诗句，源于他爷爷为他讲述的一个故事。

传说，织女是天宫织布的好手，但巧姑却是人间的织布好手，为了分辨她们两人谁的织布手艺更胜一筹，她们被玉帝请到天宫比赛。

在第一场和第二场的比赛中，织女和巧姑各赢了一场，却无法分出胜负。于是，玉帝让她们第三局比赛谁织的布花样和色彩既好看，织得又多。

后来，巧姑本来织得又快又好，可是，织女用了法术，把巧姑织的青罗绸缎布匹，全部吹到了漓江，变成了江水。从此，漓江的江水就像青罗绸缎一样漂亮。

为此，韩愈便写下了"江作青罗带，山如碧玉簪"这两句著名诗句。

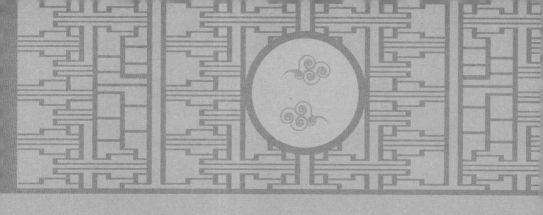

一衣带水的漓江沿途景观

　　以桂林市为中心，北起兴安灵渠，南至阳朔，由漓江一水相连。桂林的漓江段主要包括竹江、草坪、杨堤、兴坪和阳朔等景区。在这些景区内，奇峰异景，络绎不绝。

　　竹江景区夹岸石山连绵，奇峰围峦映带，是漓江风光的精华。主

要有黄牛峡、群龙戏水、望夫山和仙人推磨等景点。

黄牛峡位于桂林磨盘山码头下游，这是一条狭长的峡谷，周围的群山有不少的山峰像黄牛头，所以叫黄牛峡。当然，也有的山峰像马，像狮子，像老虎，像绣球。

漓江的水，流到黄牛峡即一分为二，分别向左、右两边流去，把江中的沙滩分割成3个小洲。

古代，江水直冲对面的悬崖陡壁，波浪翻滚，有如长江三峡之势。明代旅行家徐霞客漫游漓江，他视黄牛峡的山川形胜可与长江的巫峡同喻，比庐山、赤壁等地还要美丽壮观，因而用生动的笔调写道：

> 石峰排列而起，横障南天，上分危岫，几埒巫山；
> 下突轰崖，数逾匡老，于是扼江，而东之江流啮其
> 北麓；
> 怒涛翻壁，层岚倒影，赤壁、采矶，失其壮丽矣。

后来，黄牛峡河道经过多次疏通和修筑，把江水的主流改在江的左边。这里的山峰秀丽，江面宽广，3个洲像是浮在江面上一样。

群龙戏水是竹江景区的一大特色，在右侧临水的山壁，有几根悬垂倒挂的钟乳石柱，它们形态嵯峨，形神兼备，仿佛像几条饮江的巨龙，它们的身子，隐藏在山壁内，只有龙头向着水面。

过了黄牛峡后，在漓江西岸即见望夫山，山巅上有仙人石，如一穿古装的人正向北而望，山腰处一石如背着婴儿凝望远方的妇女。

仙人推磨也叫"石人推磨"。相传古时候，山下住有7户人家，有1户为地主，其余6户却都是穷人，一年到头为地主打工还填不饱肚子。

一天，有一位仙人路过此地，得知6户人家的处境，就连夜推动石磨，山下的石洞中流出了白米，够6户人全家饱吃一天。

谁知地主知道后，欲占石磨为己有，于是捏造罪名，买通官府陷害6户人家，并派人凿宽山下出米洞口。结果，出米洞口不再出米了，地主亲自爬到山上推石磨，终于变成了石人。此传说应了"善恶终会有报应"的谚语。

如果把漓江的美景比作是一首诗或者是一部美妙的乐章，那么从竹江到草坪应当是这部乐章的引子与序曲，从草坪到杨堤是乐章的轻快舒缓的发展，从杨堤到兴坪应该是乐章的高潮与华彩，从兴坪到阳朔是乐章的尾声与结局。

草坪，芳草如茵，田园似锦，在这里有个村庄，就叫草坪乡，它三面环山，一面临水，是一个回族乡，拥有5000多人口。

进入漓江的草坪景区，会有一种"人在画中游"的意境。

冠岩在草坪下游500米处，其外貌像古时的紫金冠，故名冠岩。岩内常年流出甘洌清泉，故又叫甘岩。还因在漆黑洞里，顶上透出微光，所以又叫光岩。

冠岩堪称曲径通幽，洞口有四五重，水贯其中，风景优美，冬暖

夏凉。它还与安吉岩相通，可以水入陆出，它有七星岩之深邃，芦笛岩之壮丽，堪称诸岩之冠。

半边渡离绣山约2千米处，江左岸有一驼形石山，拔岸屹立阻断了岸边的小路，使得冠岩村和桃源村过去必须依靠渡船往返，由于两个渡口均位于同一岸边，因而当地人称之为半边渡。

半边渡的对岸有一村庄名为浪洲村，现在渡船除摆渡半边外，还往返于江岸两边的3个码头，半边渡实际上是"三边渡"，故当地人戏称为"一渡两边三靠岸"。

这里石壁险峻，峰峦如朵朵出水芙蓉，倒影于绿波碧水之中，正是"此地江山成一绝，削壁成河渡半边。"经由此境，人们不仅慨叹伟岸之险，也称赞渡口之奇。

草坪区的特色是锣鼓鸳鸯滩。弯弯曲曲的漓江，有一个湾就有一

个滩。滩头滩尾水比较浅，漓江从滩头上流过，发出淙淙的响声。群峰中有两个奇秀的山峰迎面而来，远望如文笔倒插，它们叫鼓棍山和锣槌山。

在鼓棍山和锣槌山的上游250米处，有一湍急狭长河滩，称鸳鸯滩。滩水清浅，鹅卵石累累。滩上有两条夹河，夹河左右各有一沙洲，滩水穿洲而过，就像有一对鸳鸯浮游水上。

靠滩左岸的石壁上，有两个钟乳石，人们把其比作一对交颈依偎永不分离的鸳鸯。

从杨堤到兴坪是漓江的精华，也是漓江这部"乐章"的高潮的华彩。杨堤的山突兀而起，云到了这里虚无缥缈，给人以幻境的感觉。

顺江而下过双全滩、锣鼓滩约行3千米，只见江中有一小岛，从高处俯视，形状像初七八的月亮映于漓江之中，这就是著名的月光岛。岛上树木繁茂，天然生长的草皮又厚又软，在漓江的滋育下，四

季常绿。

若是春夏季节更是郁郁葱葱，呈现出勃勃生机；若是秋天，乌桕树开始红了，深冬时红得最艳，红叶与绿树相间，红叶有青山陪衬，有绿水萦绕，色彩鲜明，月光岛的红叶因此得名。

杨堤月光岛正对岸是白虎山，因其石壁斑纹形似一只白额大虎而得名。白虎山半山壁上，有一瀑布凌空而下泻入漓江，舟近壁而行，溅珠飞沫扑面而来，无论发多大的水都不混浊，无论天有多旱也不干涸，而13千米内全是高山，找不到水的源头。

徐霞客到此考查后在日记中描述道：

其山南岩窍，有水中出，缘突石飞下附江，势同悬瀑。粤中皆石峰拔起，水流四注，无待壑腾空。此瀑出崇窍，尤奇绝。

　　杨堤内有个浪石村，因村前有一片突现的礁石，似起伏的波浪，因而得名。每当烟雨季节，这一带风光云雾缭绕，水穿峡谷，船靠山行，两岸浓郁蔽日，浪石交融。

　　浪石两岸奇峰一座连着一座，密集的景观，连成一个峡谷。浪石村历史悠久，保存了大量的古代民居。登岸入村，可观赏到古香古色的古代建筑。

　　在浪石村的后面有一座山，形似坐于莲坛上的观音，慈祥的面容依稀可见；在她的前方有一座矮山，像正在参拜的虔诚的小童。当地人说，正是观音菩萨的保佑，使他们的生活免于灾难，日子过得平平安安。

　　兴坪是古代漓江沿岸最大的城镇。旁山下狮子崴口有一棵古榕树，枝叶茂密，浓荫如盖，传为隋开皇年间所植。镇前深不可测的榕树潭，是天然泊船良港。潭边有滨江亭、白庙阁遗址，遗址旁有巨石

如龟，称"乌龟石"。

兴坪镇依山面水，风景荟萃，素有"漓江佳胜在兴坪"之说。

漓江流经兴坪，有个河流湾，名曰镰刀湾。这里奇峰林立，江水迂回，茂树葱茏，碧潭绿洲，幽岩古洞，田园村舍，处处是美丽的景色，是漓江风光荟萃之一。

在位于兴坪镇西北4千米处，有桂林漓江著名的景观之一九马画山，它是大自然的笔墨奇观。

宋代诗人邹浩把它比作天公醉时的杰作，他在诗中写道：

应时天公醉时笔，重重粉墨尚纵横。

九马画山山高400余米，宽200余米，五峰连属，东南北三面环山，西面削壁临江，高宽百余米的石壁上，青绿黄白，众彩纷呈，淡相间，斑驳有致，宛如一幅《神骏图》。

远远望去的这幅巨大画屏，皆天然形成。细细端详后，人们会发现画屏中好像藏着姿态各异，形神逼真的"九马图"，甚至远比这个数字要多。这些马儿有的跳跃，有的奔腾，有的嬉戏，或立或卧，或昂首嘶鸣，或扬蹄奋飞，或回首云天，或悠然觅食。

峰顶上的一匹高头骏马，好像在嘶风长啸，下方有两匹灰色的小马吃草。鱼尾峰上有"先锋马"，蚂蟥山上有"落后马"。

远处有"牧马郎"，山麓有"饮马泉"。山崖石壁上刻有"画山马图"几个大字。

画山，古往今来，吸引了众多诗人、画家和学者。清代学者，曾任两广总督阮元对画山更是到了痴迷的程度，据说，他曾6年间5次来游画山，他在《清漓石壁图歌》中写道：

六年久识奇峰面，五度来乘读画舟。

如今，在画山渡口不远的崖壁上，仍可看到"清漓石壁图"5字石刻大榜书。

有民谣流传：

> 看马郎，看马郎，
> 问你神马几多双？
> 看出七匹中榜眼，
> 看出九匹状元郎。

人们每每到此，总要细细揣摩，发挥想象力数一数。为此，九马画山，堪称漓江"巨壁美"之冠。

阳朔是漓江的终点，这个区域的主要特色是"带"字的石刻。从欣赏这个"带"字，最后我们应该总结漓江的精神就是一个"妙"

字，漓江风景的自然美，妙不可言。

螺蛳山距兴坪镇约1千米，山高100余米，有层次的山石，从山脚底螺旋而上，直至山顶。无论从什么地方看，都像一只正在觅食的大海螺。

山上细竹灌木丛生，如寄生在江底的螺蛳身上的青苔。每当朝阳铺洒在山头时，它又像是一个刚从深潭底爬到岸边晒太阳的青螺，霞光闪闪，仿佛身上不断往下滴水。山下及螺蛳岩周边风景宜人，青山环绿水，洞内多乳石。

阳朔的碧莲峰又称芙蓉峰、鉴山，位于城东南的漓江边，山上树木，四时苍翠，从远处看去就像一朵含苞欲放的莲花，当微风吹来，江中的莲花倒影，仿佛徐徐绽开，于是"莲峰倒映"便成了阳朔的一大名胜。

据地方志《阳朔县志》记载：

碧莲峰原为县内诸山之总名。奇峰环列，开如菡蕾，故又名芙蓉峰。

明嘉靖年间广西布政使洪珠题"碧莲峰"3字于山的东麓近水处，而且该山形似一浴水而出之莲苞，此后，碧莲峰、芙蓉峰两名即专指此山。碧莲峰山势嵯峨挺拔，山上绿树成荫，苍翠欲滴。

登山远眺，周围数十千米内奇峰林立，云霞缭绕，瑰丽风光尽收眼底；俯视阳朔漓水，田园村舍，美好图画如拥怀中。

特别是登碧莲峰看东岭朝霞"日跃群峰霞光艳，万朵芙蓉层叠出"，景色蔚为壮观。"东岭朝霞"为阳朔八景之一，故有前人刻有"登临好"3字于山顶石壁。

知识点滴

有一年春天，正是漓江的鱼产卵时节，忽然，有一天卷起了狂风，下起了暴雨，洪水过后，这峭壁下的鱼窝再也打不到鱼了。

沿江的渔民当中，有个叫廖水养的老渔翁，他想一定是什么怪物在这里兴风作浪，于是，他决心把事情查个水落石出。

终于在一天傍晚的时候，他网住了一条鲤鱼精。他拼命把鲤鱼精往岸上拖，没想到鲤鱼精反而把他拖入了江中，再也没有回来。

后来廖水养的儿子廖小弟得到了龙王女儿的帮助，他拿着神箭来到浪石滩躲起来。终于等到鲤鱼精从江里腾起，在石壁前戏耍，说时迟，那时快，廖小弟拉弓射箭，"啪"地射中鲤鱼精，连箭带鱼一同挂在了峭壁上。

从此，漓江就有了"鲤鱼挂壁"的奇妙景观。

闻名中外的漓江几大景观

　　在桂林漓江风景区内，除了竹江、草坪、杨堤、兴坪和阳朔等漓江沿途的风景景观之外，还有象山、独秀峰、叠彩山、伏波山、七星岩、芦笛岩等，以及穿山公园等几处著名景观。

其中，象山原名仪山、漓山、沉水山，位于桂林市内桃花江与漓江汇流处，因山东端的水月洞有如象鼻，整个山形酷似一头驻足漓江边饮水的大象，故称象鼻山，简称象山。象山以其栩栩如生的形象引人入胜，被人们看作桂林山水的代表。

由象山山顶沿东南侧山道下山，行至半山腰，道旁有一椭圆形的洞口，即为象眼岩。洞口有块被栏杆护着的石刻，是宋代著名诗人陆游的墨宝。

象鼻的东面岩崖上，有"放生池"3个字，题者为清代广西布政使黄国材，他擅长写大型榜书，他在独秀峰题写的"南天一柱"是桂林石刻中最大的榜书题书。而象山东崖上，清代倪文蔚所刻的《皇清中兴圣德颂》是桂林最大的摩崖石刻。

独秀峰位于桂林中心靖江王城内，孤峰突起，陡峭高峻，气势雄伟，素有"南天一柱"之称。

靖江王城是明代靖江王的府邸，在桂林城中自成一城，故称王城。1372年始建，占地约19.8公顷。朱元璋将其侄孙朱守谦分封到桂林时在此地建立藩王府，之后共有11代14位靖江王在此居住过，历时280年。

独秀峰是王城景区不可分割的部分，最早的"桂林山水甲天下"的诗句就刻在独秀峰上。

山东麓有南朝文学家颜延之读书岩，为桂林最古老的名人胜迹。颜延之曾写下"未若独秀者，峨峨郛邑间"的佳句，独秀峰因此得名。每当晨曦辉映或晚霞夕照，孤峰似披紫袍金衣，故又名为紫舍山。

独秀峰是桂林的主要山峰之一，相对高度66米。由3.5亿年前浅海生物化学沉积的石灰岩组成，主要有3组几乎垂直的裂隙切割，从山顶直劈山脚，通过水流作用，形成旁无坡阜的孤峰。

独秀山山体扁圆，东西宽，端庄雄伟；南北窄，峭拔俊秀。山上建有玄武阁、观音堂、三客庙、三神祠等，山下有月牙池。

独秀峰与桂林四大名池之一的月牙池天造地合，相映成趣，成为

桂林古八景之一。

叠彩山是桂林市内的最高峰，是观赏桂林全景的最佳地点。叠彩山位于桂林城北、漓江西岸。

叠彩山地貌特异，由几亿年前沉积的石灰岩和白云质灰岩组成，石质坚硬，岩层呈薄层、中厚层和厚层状，一层层堆叠起来，如同堆缎叠锦。

叠彩山由越山、四望山与明月峰、仙鹤峰组成，最高的仙鹤峰海拔253米，相对高度101米。其主峰明月峰海拔223米，相对高度73米。

叠彩山在桂林市北部，面临漓江，远望如匹匹彩缎相叠，故名。

相传，过去此山上多桂树，所以也叫桂山。又因山麓有奇特的风

洞，人们称它为风洞山。

　　叠彩山是市内风景荟萃之地，包括越山、四望山、明月峰和仙鹤峰。上山，一路古木参天，山色秀丽、与园林建筑叠彩亭、于越亭、秀山书院、仰止堂等相融成趣。

　　叠彩山的顶峰拿云亭是观景的好去处，古人赞美这里是"江山会景处"。山上石刻很多，太极阁的摩崖造像和石刻，艺术价值很高。

　　伏波山在桂林是东北伏波门外，东枕漓江，孤峰挺秀，风景迷人，有"伏波胜景"之称，由遇阻回澜之势，因唐代曾在山上修建汉朝伏波将军马援祠而得名。

　　伏波山由多级山地庭园组成，有还珠洞、千佛岩、珊瑚岩、试剑石、听涛阁、半山亭、千人锅及大铁钟等景观和文物。进入伏波山，首先映入眼帘的是第一级台地庭院景观，即伏波胜景。

　　第二级平台上的临江游廊与平台北边的挡土墙自然而然的形成了一个院落，院内种植花木，曲折有致，步移景换，妙趣横生。

廊前置亭，亭内存放着一口"千人锅"，直径1米，高约1米，重约1吨，它与还珠洞入口处左侧的古钟同为定粤寺的法器。

还珠洞位于伏波山的山腹，分上下两洞，"如层城夏道"，伫立临江的东口，可望远近的青山、江中的瀛洲、苍翠的树林、深不见底的碧波幽潭。

唐代的佛教徒们在还珠洞中雕塑了不少佛像，能辨认成形的有239尊，加上斧凿痕迹尚未成形的共有400尊。成为唐代崇尚佛法，佛教盛极一时的标志。

还珠洞中的镇洞之宝当属北宋四大书法家之一米芾刻于石壁上的自画像，像高1.2米，其身着古衣冠，右手伸两指，若有所指，迈开右脚，做行走之势，神态自若，风度潇洒。

还珠洞中有试剑石。试剑石乃是天然的钟乳石，位于洞中临江的东口，它与地面间有一间隙，仿佛被剑砍过一样，故名之。试剑石旁

有石凳、石桌，石前有伏波潭，潭水如镜，人们在此赏景别有一番乐趣。

七星山共有10余个较大的奇洞，其中主要的就是七星岩，又称碧虚岩。七星岩古时被称为栖霞洞，在桂林市东普陀山西侧山腰。

该岩分上、中、下三层。上层高出中层8米至12米；下层是现代地下河，常年有水；中层距下层10米至12米。

在七星岩的中层，犹如一条地下天然画廊，洞内长达800米，最宽处43米，最高处27米。洞内钟乳石遍布，洞景神奇瑰丽，琳琅满目，状物拟人，无不惟妙惟肖。主要景观有石索悬锦鲤、大象卷鼻、狮子戏球、仙人晒网、海水浴金山、南天门、银河鹊桥、女娲殿。景物奇幻多姿，绚丽夺目。

岩内的钟乳石色彩艳丽异常，红的胜火，如温暖的火焰灿然开放；绿的娇艳，如清凉的翡翠凝聚了夜色中萧疏的光芒；黄的精彩，如集中了无数的魅力和风华的琥珀，让人不由得想去精心呵护；白的甜润，如羊脂玉石凝聚了月亮的光华，发散出清纯的辉光。

这所有的颜色集中在一起，使得整个洞穴五彩缤纷，恰似神话中的仙宫。

芦笛岩在桂林市西北7千米处的光明山上，因洞口长有芦荻草，传说此草可以做笛子，吹出悦耳动听的声音，芦笛岩因此而得名。

芦笛岩是一个地下溶洞，深230米，长约500米，最短处约90米，其洞长虽比七星岩短，但景色却比七星岩更奇。

洞内有大量奇麓多姿、玲珑剔透的石笋、石乳、石柱、石幔、石花等，琳琅满目。组成了狮岭朝霞、红罗宝帐、盘龙宝塔、原始森林、水晶宫、花果山等景观，令人们目不暇接，如同仙境，被誉为"大自然的艺术之宫"。

芦笛岩所在的光明山，从前叫毛头山。原来半山腰只有一个小洞口，仅容一人进出，山坡上又长满芦荻草，并未引起人们的注意。

地方志《临桂县志》记载了光明山，但是没有说山腰有岩洞。洞内保存有八百多年以来的壁书70幅，大部分是用墨笔在洞壁上书写的

题名。

芦笛岩的特点是洞中滴水多，石钟乳、石笋、石柱等也特别多。进入洞内，在林立的石柱缝隙中间转来转去，加上彩色灯光的照耀，如同置身仙境一般。

穿山公园位于桂林市南郊，以穿山为轴心，占地面积约2000平方米，是桂林市山水旖旎的景观之一。

穿山五峰逶迤，状若雄鸡，西东为首尾，南北为两翼，中峰为背。西峰上的月岩，恰是鸡眼，与隔江的龟山，犹如两鸡相斗，合称"斗鸡山"。

明代孔镛有"巧石如鸡欲斗时，昂冠相距水东西。红罗缠颈何曾见，老杀青山不敢啼"之句。因为五峰耸立，形如笔架，也有"笔架山"之称。

西峰上有洞，分上下两层。下层南北贯通，如当空皓月，被称月岩，或题为"空明"，故又有空明山之名。宋代广西经略安抚使于

1222年刻"月岩"两字于南口东壁。因北口东壁有"空明山"3字，所以月岩也叫"空明洞"，洞中有悬石及宋明石刻多件。

月岩之上还有一岩，口北向，高6米，长16米，宽8米，面积128平方米，两岩重叠，中隔厚约两米的岩层，北口东侧及南口西侧均架有铁梯相通连。月岩宽阔明亮，空明之名十分贴切。

穿山岩为不规则溶洞，形成于34000年前，总长1531米，主洞长348米。岩内曲折环回，灿烂多姿，有天鹅湾、水帘洞、连心石盾、龙鳞壁、古树坪、卷曲石、空心石、金刚宝剑和珍珠龟等。

其中，天鹅湾丛生着被称为"鹅管"或"石管"的杆状石钟乳，最长的有一米多。

知识点滴

关于伏波山还珠洞内的试剑石，还有一个这样的故事：

传说，伏波将军马援南征时与作乱犯境者在还珠洞中谈判，谈至僵局，马将军拔剑而起，剑光一闪，竟将巨大的石柱贴地削去寸余，对方为之色变，立刻答应退兵。

其实，那条所谓的剑痕缝隙原来是石灰岩的岩层，水流沿着这个层面的裂隙冲刷溶蚀出一条缝隙，整个试剑石只是一根溶蚀残柱。如今它已无水的溶蚀作用，无法分解碳酸盐而产生新的沉淀，失去了继续生长的条件和环境，所以它将永远都是一块离地悬空的奇石。

福建白水洋

　　白水洋位于福建省屏南县境内，距福州170千米。

　　白水洋国家地质公园由白水洋、鸳鸯溪、鸳鸯湖、刘公岩、太堡楼五大景区组成，景区融洋、溪、瀑、湖、峰、岩、洞于一体；其中白水洋、天柱峰、鼎潭仙宴谷、小壶口瀑布、百丈漈水帘洞为国家特级景观。

　　白水洋四面青山环抱，两条清澈的溪流仙耙溪和九岭溪交汇其间，形成一处面积约80000平方米、以岩石为溪床的自然地貌，其中最大的一块岩石面积达到近40000平方米，最宽处约1.9千米。溪床流水均匀，阳光下波光激滟，一片白炽，因而得名白水洋。

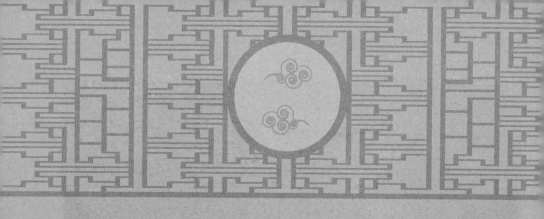

因其奇特地质闻名的白水洋

　　屏南县位于福建省宁德市，这里具有独特的"天然空调"，因为常年气温为14度至18度。白水洋风景名胜区就位于屏南县境内，是国家重点风景名胜区之一。

整个白水洋景区呈月牙形，总面积66平方千米，溪长36千米，分白水洋、鸳鸯溪、刘公岩、太堡楼、鸳鸯湖五大景区。其中，白水洋景区的特色可以用一首诗来总结，那就是：

天造奇观白水洋，巨石板上水泱泱。
万人可舞碧波里，还能赏猴觅鸳鸯。

那么，为什么说白水洋是"天造奇观"呢，什么是"巨石板上水泱泱"呢？

这指的是白水洋的"十里水上长街"。十里水上长街是由3块平坦的万米巨石组成的，最大一块近40000平方米，它们静静地躺在潺潺的溪水之下，这就是"巨石板上水泱泱"，也称为"浅水广场"。

据说，这是目前世界上"唯一的浅水广场"。享有"天下绝景，宇宙之谜"的盛誉。

白水洋是一个宽阔的平底基岩河床，它的形成受岩石特性，地质构造和水动力等制约。白水洋河床的岩石是距今900万年前火山活动形成的，岩石具有完整性好、结构均一致密的特点。

大约距今530万年前，随着地壳的抬升，河谷下切，覆在上面的地层被侵蚀，岩体露出地表，由于风化作用和流水侵蚀，逐渐形成以正长斑岩为基岩的平底河床。

距今约260万年前以来因为地壳活动相对平稳，白水洋一带处于相对稳定状态，地表极缓慢上升，地壳抬升的速度和流水下切速度几乎相当。经流水长期冲蚀，白水洋逐渐形成光滑如镜，宽阔平展的平底基岩河床。

白水洋的石与水结为一体，水安抚着石，石承托着水，唇齿相依。离开了水，石就是一块干渴焦灼的平凡之石；离开了石，水就是一湾无依无靠的普通之水。有了形影不离的石和水，白水洋才名副其实地成为了戏水的天堂。

白水洋共分为三大洋：上洋、中洋和下洋。

状似梯田的是上洋，在上洋的峡谷中，有一木拱廊桥，是重建的双龙桥，桥长66米，宽4.5米，两墩三孔。双龙桥的梁上书写着优美的对联，桥中的神龛上祀奉着观音菩萨。

在上洋和中洋的连接处有一道弧形瀑布。这条瀑布高8米多，宽50多米，是由于上洋和中洋之间有高度落差而形成的，在阳光的照射下闪闪发亮，就像一条挂在白水娘粉颈上的白金项链，让白水洋越发显得活泼靓丽。

白水洋的上洋洋尾稍稍向下倾斜，就像一条天然的冲浪滑道，这

条滑道宽60多米，长近百米，岩石表面光滑平坦，坡度适中，是白水洋知名的"百米天然冲浪滑道"，是大自然鬼斧神工所创造的"水上乐园"。

白水洋的中洋总长200多米，宽150米，面积达近40000平方米。

这里堪称全国独一无二的"天下绝景"。中洋的石板较为平坦，溪水的流速较为平缓，水不是非常深。因此，到了中洋，最为惬意的一件事情就是脱掉鞋子和袜子到水中散个步。

据说，白水洋的溪水中富含着多种矿物质，而石面上天然的平滑凸起恰恰能起到很好的按摩作用，常在白水洋中散步，不仅可以按摩脚底穴位，还有利于矿物质吸收，有很好的保健作用。

白水洋的下洋波平如镜，由于河床深浅不一，在日光的折射下，如同多棱的水晶，再加上两岸绿树掩映，整个下洋五光十色，故又称

"五彩洋"。白水洋的下洋没有中洋和上洋那么宽阔，但这里水面平如镜，倒映出两旁的绿树，风景格外的秀美，是名副其实的"情人谷"。在下洋的中央，有一突出的石笋，从上方看，很像一顶明代的乌纱帽，故称"纱帽岩"。

据说，当年有一位县官路过此地，见此处山清水秀，感叹宦海沉浮，遂生退隐之心，将纱帽抛在水中化为此石。

我国文人的超脱，在桃花源中，在王维的《辋川别墅》中，又似古人思莼菜鲈鱼之美而归乡，延续到此处的纱帽岩，恰作了最浪漫的注脚：

身辞宦海此间游，独恋清溪景色幽。

洗却尘心归隐日，轻抛纱帽砥中流。

纱帽岩形随步换之下，从左侧往上看去，其形如一只巨龟，背上驮着一堆宝物，人称"金龟驮宝"。从总体上看，又似一鼓满的风帆，又称"一帆风顺"。

因此，该景观又有一个十分吉利的名字，就是"金龟驮宝，一帆风顺"。

下洋的两岸是悬崖峭壁，在平展的河床上筑起了

一道道门户，裸露的岩石顶上披着一层层绿荫，就像是个生态型的鸳鸯大洞房。

这块岩石人称鸳鸯床，现在断裂了一块，传说，当年猪八戒在往西天取经的路上，一直怀念着高老庄的"娘子"，路过这里时看到一对鸳鸯恩爱地在鸳鸯床上交颈而眠，不禁触景生情，因妒生恨，举起手中的九齿钉耙打去，鸳鸯床顿时裂下一块。

下洋的左峰是马鞍山，它为下洋秀丽景色增添了几分雄健之美。

山上裸露的石柱高大参天，阳光从石缝间洒下，将数道金光直射白水洋，如果从逆光的方向看，白水洋成了一片的银白色，波光粼粼，细纹闪闪，给人以梦幻般的感觉，这便是"白水洋"名字的由来。

在白水洋下游，有一个洞窟，名为齐天大圣洞。这个洞窟宽10多米，深8米，中间石龛上立着齐天大圣的神位，上面刻着"王封上洞齐天大圣宫殿"。

这个齐天大圣宫殿修建于1841年，以《西游记》里孙悟空"变庙"为蓝本，洞前还立着石柱旗杆，洞旁河碉群中有石纹影"慈母心""情人影"，惟妙惟肖。

在白水洋的下方，有一块形状古怪而突出的岩石，状似一只龙头扎入水中吸水，故称"神龙吸水"。从右侧看，又像一只老虎在观看"白水弧瀑"，因此又称"老虎观瀑"。其上方的山峰名为五老峰。

想要观赏白水洋，必先登五老峰，在峰上凭高俯瞰，白水洋一览无余。

五老峰山形秀丽，形如一丘巨大的农田，又像一支巨大的毛笔。五老峰裸岩峭立，直插入地，上刺蓝天。岩壁缝隙横竖，如老翁苍脸。在五老峰的前方，有一个小平台，人们称它为"棋盘石"。

传说，当年有5位神仙在棋盘石上，面对棋局冥思苦想，忘却了岁月的流逝，专注凝神而化为五老峰。

有一位诗人感慨诗中写道：

神仙对弈几春秋，

忘却时光似水流。

未拾残棋身石化，

长留五老构清幽。

五老峰上的岩石凹凸分明，各自一体，又紧密相连。从五老峰鸟瞰白水洋，只见万米水上广场如盘，石纹连网，石面上漫步，人群如织，让人觉得是在遨游太空又发现了一个神秘天体。夕阳斜照，白水洋面粼光闪烁，又好像是银河落处，分不清这里是天堂还是人间。

此外，在白水洋的下洋岸边，还有一个如同一手遮天的通天洞，在通天洞的岸边，还有3通无字碑，据传说这上面原来是有字的，其文字记载着下方这个通天洞的玄机，由于几千年风雨侵蚀，现在已是碑体残缺，文字也看不清了。

在无字碑的附近，还有一块晒经石。传说，当年唐僧和孙悟空取经回来，在这块岩石上晒过经文，所以至今上面还残留着许多看不懂的文字。因此，人们又称之为"天书岩"。

在下洋旁，还有一座名为"猴王远眺"的山峰，据说，孙悟空取经归来，修成正果。但居住在下游的孙大圣，却常年在此翘首远望西方，回忆着当年西游的情景，思念着师父唐僧和师弟们，久而久之，这里便形成了这个景致。

白水洋的民间故事很多，关于它的来历有这样一个说法：

传说，在明朝时，有一个叫作程惠泽的人误吞龙珠变成了"龙人"。

后来，程惠泽想为家乡做点事，他施展神威，摆动龙尾，在崇山峻岭中横扫出一方平展展的农田，这方良田使这一带的农民安居乐业。

不料，早已垂涎这方土地的恶霸郭某借口这一带的山地原是他家的，就勾结县官，要霸占这块肥沃良田。

这事恰巧被居住在下游水帘洞中的齐天大圣孙悟空知道了。就在一夜间，孙悟空施展手段，把所有良田和农家都搬到了水帘洞附近的山中，在那里形成了一处新村庄，被当地群众称之"移洋"。

从那时起，这里就剩下一块光洁的河床，这块河床便是白水洋。

知识点滴

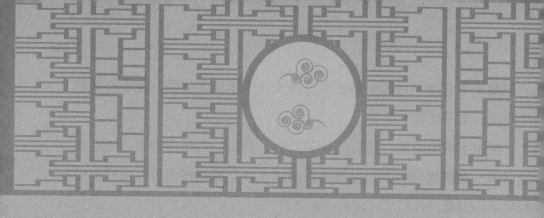

以瀑布和山峰为主的鸳鸯溪

　　白水洋风景区内的鸳鸯溪，又名宜洋，位于白水洋的下游，因多鸳鸯，故名。是我国目前唯一的鸳鸯保护区。它以野生动物鸳鸯、猕猴和稀有植物为特色，融溪、瀑、峰、岩、洞等山水景观为一体。鸳鸯溪长14千米，附近山深林密，谷幽水净，是鸳鸯栖息的好地方。这一带溪流早在100多年前就发现鸳鸯，故屏南有"鸳鸯之乡"之美誉。

这里的人们习惯把瀑布称之为"漈"，喇叭漈是鸳鸯溪最奇巧的一个瀑布，飞流而下的瀑水，跟喇叭的形状一模一样，连水也是从喇叭口流下，水花四溅。

在喇叭漈不远处，便是一处小天池，天池内有仙人洞、小西天、猴王头等景观。其中，仙人洞位于两座山峰的中间，洞内有一眼泉水，终年不断，水质甘甜，是烹茶上品。

在仙人洞对面，有一丛山峰，犹如一尊如来佛高卧巨像，合掌抵颜，锁住溪谷，其上侧有一岩石，酷似观音盘膝于莲花座上。两景单称分别为"如来高卧""观音移莲"。

在雨后初晴的清晨，山间云雾缭绕，远望仿佛是如来和观音腾云驾雾而来，为此，人们称它为"如来观音同驾雾"。同时，因为此情景很像西游记里描写的西天一样，为此，人们又称它为小西天。这是鸳鸯溪四大奇观之一。

鸳鸯溪的瀑布数量多，而且各具特色，百丈漈瀑布风格最为独特多变，丰水时节，百丈漈只有一重气势磅礴的瀑布，一泓直泄。站在瀑布底下的潭边向上望去，只见风卷云舒，气象万千。

在这瀑布后面，还有一处"水帘洞"。传说，这百丈漈与水帘洞是当年孙悟空奉观音娘娘之命来保护鸳鸯时，用佛法从花果山移来的。百丈漈与我国黄果树、连云港、雁荡山、武夷山四大水帘洞并列为全国"五大水帘洞"。我国古代诗人曾这样形容百丈漈：

万仞高岩望眼舒，

青苔斑驳上天衢。

欲将百丈长流瀑，

洗尽人间垢与污。

在水帘洞旁边，有座著名的白岩峰。在山峰的岩壁上，有一个"猴王头"：两个圆溜溜的眼睛，一个毛茸茸的猴头。

传说古代有一群猕猴经常到村旁糟蹋庄稼，吓唬小孩。一次，孙悟空见一小孩被猕猴吓病了，就施法术治好了小孩的病，然后在这岩

石上刻画一个猴王头，警告它的猴子猴孙们不得超过此线，所以现在猕猴都在猴王头以下的地方活动。

这白岩峰是由两座弧形的连体石堡构成，属于火山岩断崖地貌。崖壁由于风化作用，以白色为主的崖壁在阳光照耀下熠熠生辉，炫人眼目，所以又称大白岩。

白岩峰由高低两岩并肩挺立，从河谷中仰望则峰成比翼，所以又叫比翼峰。岩壁上因自然风化作用，形成大大小小、形态各异的洞穴，其中有雄鹰窝、岩燕窝和野蜂窝，所以常见雄鹰、岩燕在其腹部盘旋，更加烘托出白岩峰的雄伟气势。

在大白岩下，有一大峡谷，名为鼎潭仙宴谷，它是鸳鸯溪四大奇观之一，被称为"全立体景观""大环幕风光电影""中国仅有，世界少有"。

峡谷中四潭如巨鼎相连，间有"烟道"相通，俗称"鼎潭串珠"。潭中碧水沸腾，玉液翻卷，如沸锅一般，水雾弥漫，"噗噗"有声。

谷中岩床光滑，巨石林立，峭壁相夹，月门洞开，高瀑飞泻，险洞高悬，清风习习，气势恢宏，是鸳鸯们最喜欢戏水的地方。

此外，谷中还有多处美丽的景观，如佛手岩、侧脸观音、老顽童、弥勒岩、娘娘御座、娘娘浴迹、骆驼岩、鸳鸯岩、群蛇岩、浮雕群像、美满窝、仙女瀑、中流蛙石、龟压蛇岩、海豚顶球、仙鲸载客、花脸熊猫等。

在鼎潭仙宴谷的东南边，还有花果山、双月宫、神象压城、鹰鼻岩与鹰潭、忘忧亭、仙人桥和仙人叠被等景观。其中，花果山据说是当年孙悟空连同水帘洞移来的，有桃、梨、李、奈等水果，猕猴们经常在这一带活动、觅食。

双月宫是由火山岩崖壁的局部岩块沿节理、裂隙整体崩塌、下错形成的拱门，两片石拱如两弯新月高悬，故称"双月宫"。传说这是鸳鸯娘娘的宫殿，有上宫和下宫，宫正中设有鸳鸯娘娘的神龛。宫内左侧有通天洞和通天石阶，进入洞中，抬头仰望，只见蓝天一线，又称"一线天"。

在双月宫旁边是神象压城，传说，古时候这里有一座古城，城中聚匪为害百姓，被一神仙将玉山化为巨象压住古城和歹徒，便有了"神象压城"的说法。

鹰鼻岩与鹰潭，传说当年鸳鸯溪有一只鹰危害鸳鸯，白鹤仙翁放鹤咬断鹰的脖子，鹰头落在崖上，化为鹰鼻岩，其身子落入峡谷的仙人桥下，化为鹰潭。

在此岩的峰顶上，有一座忘忧亭。这座凉亭四面青山，绿树环绕，置身亭中，眼前满目葱翠，耳边松涛阵阵，亭下古桥飞架，溪中碧水幽幽，让游人忘却了世俗和烦恼，所以叫忘忧亭。

在忘忧亭附近，还有一座仙人桥，传说，当年鲁班仙、赤脚仙、赤山翁在鸳鸯溪比试手艺，要各显神通建造一座桥，结果鲁班仙在上游建造了一座一墩两孔的木拱廊桥——刀鞘桥，赤脚仙在下游建造了两墩三孔的木拱廊桥——双龙桥。

赤山翁别出心裁，他用一根芦苇秆挑着石头来这里建一座石拱桥，途中被一村妇看见，她惊讶地说："哎呀！你怎么用芦苇秆挑石头？"

一句话破了赤山翁的仙术，芦苇秆断了，一担石头从山上滚下来，赤山翁气恼地甩手不干了。

鲁班仙为了方便群众，只好用神斧砍了两棵大树，横架在鸳鸯溪上，建成一座简易的木桥，人称"仙人桥"。后来，由于年代久远，原来的木桥已经不在了，现存的石桥建于20世纪80年代。

仙人桥西岸的岩石，由于横向节理的表现，犹如一床床叠放整齐的被子，所以这里被人们称为"仙人叠被"。传说，古时候有一神仙在桥边过夜，恰逢上游山洪暴发，河水猛涨，神仙怕木桥被水冲走，急中生智将被子垫在桥下，把桥垫高，从此留下仙人叠被一景。

在鼎潭仙宴谷的左边是青蝶漈瀑布。青蝶漈瀑布是鸳鸯溪最有名的瀑布之一，整个瀑布略呈斜形，因为流水不是一泻而下，而是沿着斜坡跳跃奔腾而下，可谓飞花溅玉，犹如凌空抖落万斛珠玑，所以又称"珍珠瀑"。

站在河滩上从右侧仰望，瀑布中段突出的岩石像一尊头像，一股水流正巧从其头顶柔顺地流下，像是一个姿态优美的女子正在沐浴。

关于青蝶漈，还有一个动人的传说。古时候有一个叫青蝶的姑娘，发现了一种可以染布的颜料"青"和取青染布的技术。她的哥哥为了多赚钱，垄断了种青和取青的技术，不许她泄露秘密。

善良的姑娘在哥哥劝说未成的情况下，被哥哥打得遍体鳞伤，并关了起来。青蝶设法逃出家门，将技术传给了村里人。

因为青蝶曾在瀑布的上头修建了两个滤青的青池，后来，村里人为了纪念青蝶姑娘，就把这个瀑布叫作青蝶漈。青蝶漈的名字一直传

颂至今。

仓潭位于瓮潭下游与仓潭相接处，其水深不可测，两边潭壁笔直如仓板壁，故叫"仓潭"。潭上方的瀑布叫"仓潭雄瀑"，岩石上的"仓潭雄瀑"4个字为书法家朱以撒的手笔。

白水洋水至此奔腾而下，惊涛荡谷，声势浩大，很像黄河的壶口瀑布，因此又称为"小壶口瀑布"。瀑水在阳光的照射下，雾涌虹飘，让人们如临仙境。

瀑布上方的两边，各有一块石头形似巨鳖，所以称为"双鳖护游"。潭边的岩滩上有一行行足迹，据说，这是九扎龙留下的足迹。

瓮潭，潭宽水深，沙滩、卵石滩相间，岸边有望鸳台、猴嬉滩，潭头有小巫峡、水上一线天，潭中有小巧玲珑的玉兔佛首石。瓮潭为

鸳鸯溪最早开发的景观和观鸳鸯的水潭。

在这瓮潭的下部有一段很狭小的峡谷，名为小巫峡。在小巫峡内，有一著名景观仙女漈。

仙女漈，由于整个瀑布像一个端坐的仙女，因此叫"仙女漈"。因由好几重瀑布组成，所以又叫"三重漈"。最高一重是仙女的头，第二重是仙女的身体和手，第三重是仙女的下肢。

瀑布前面的巨石形似一只大绵羊，周边还有小绵羊，所以这个景观又叫"仙女牧羊"。巨石底下只有中间一小部分与河床接触，千百年来任凭溪水的冲击而岿然不动，也是一个奇特的景观。

从鼎潭仙宴谷至大折岩顶，有一座长岭，叫作情岭，中间有石阶1200余级。从大折岩与极目沿缝中沿竖栏而上，设钢梯两架。情岭两侧绿荫如盖，古藤缭绕，风光秀丽。

虎嘴岩又名马贼寨，位于情岭中下部，洞内常有猕猴过夜，可容百许人乘凉。洞内有猴王石、猴攀洞。

洞对面有弥勒峰、佛镇牛魔、佛降八戒、佛伏猴王、游龙瀑，又名飘虹瀑等景，可俯瞰鸳橱潭全貌，是观看鸳鸯戏水的好地方。

鸳鸯瀑，又名大王瀑，位于宜洋村水尾大王庙下。瀑边有百年柳杉与楮木枝结连理，称为鸳鸯树。瀑两道均匀泻下，玲珑秀丽，瀑下小潭清澈可爱，为进鸳鸯溪第一景。

刀鞘潭，位于鸳鸯溪中游古松岭下，潭两侧巨岩如刀削斧劈，长潭从中穿过，形如刀鞘，是鸳鸯常嬉游的深潭。潭头有平岩广滩，可供数百人游乐。

狮坪，位于鼎潭仙宴谷上游，是一个巨大的沙滩巨石河谷。谷中有仙浴潭、印潭、七仙女岩、双狮依偎、双龙抢珠、佛捧猴等景。

知识点滴

相传，古时候在鸳鸯溪北面的山坡上，有一位许真人和一条青龙住在那里。他们一起在山上修炼，想要得道成仙。可是，那条青龙并不专心，十分懒惰，急于求成。

一天，它独自偷偷地溜到天界，去偷喝瑶池的仙水，但是被发现了。玉帝因此大怒，3年不给楚地降雨，使得当地的百姓苦不堪言。为此，许真人大义凛然，替百姓惩治青龙，把青龙锁在山腰的青龙亭上。但由于青龙的苦苦哀求，许真人最终决定放了它。

可是，在放之前，许真人让青龙在一夜间修造100条河流来缓解旱情。但在修造最后一条河流时，青龙发现有一对鸳鸯相拥熟睡在爪下，不愿打扰它们，于是青龙绕过鸳鸯，修了一条"几"字形的河道，也就是现在的鸳鸯溪。

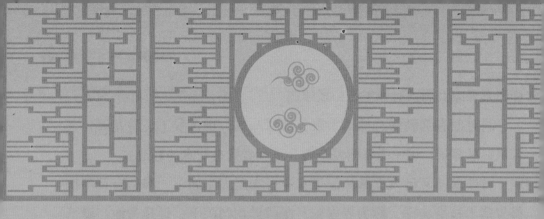

鸳鸯湖及周边的众多景观

　　白水洋风景区内的鸳鸯湖位于屏南县双溪镇，以湖光、小岛、鸳鸯、野鸭群，以及四季杜鹃花、寺庙和古塔等组成，风光独特，景色宜人，是难得的美好胜景。

　　鸳鸯湖，又名甜泉水库，为白水洋五大景区之一，湖面面积约330

多公顷，背景为美女峰，状
若美女仰卧湖面沐浴。在鸳
鸯湖内，主要风景有文笔
峰、卧牛岛、甜泉、满里瀑
布、翠屏峰、笔架山、披袈
长老石，以及北岩寺和灵岩
寺等。

　　其中，文笔峰又名香炉
峰，为鸳鸯湖边最高峰，于
峰顶极目望眺，峰下瑞光
塔、古战壕、古地堡等古迹
及湖光山色一览无余。

　　瑞光塔1887年建造，外观呈现八角，共有7层，整体棱角分明，全
以花岗岩堆砌而成。塔顶是葫芦状，可登塔顶观赏鸳鸯湖景区美景。

　　卧牛岛位于鸳鸯湖中，将湖一分为二，岛面积20公顷，曲折有
致，顶上也有悬崖峭壁，环岛观湖，别有情趣。

　　湖心岛位于鸳鸯湖中心，与卧牛岛相望，岛低而小，近于圆形。
甜泉又名惠民泉，传为知县沈钟所掘，泉水大旱不竭，甜泉水库也因
而得名。

　　笔架山位于双溪镇北，山形酷似笔架。翠屏峰位于双溪镇北，峰
岩似屏风横排。

　　披袈长老石又称罗汉石，位于双溪镇圪头村道安嵩公路边，形似
石人，从不同角度可看到按膝坐禅和披袈迎风两种姿态，实则头顶有
二石如桃。

北岩寺又叫下院，位于双溪镇东1千米处。僧觉海始建，后毁。1686年重建，1904年僧地慧续修，金身重塑，初具规模，闻名相邻诸县。寺周围有狮峰、松桥竹阁、藤岩、莲沼、鲸山、龙涧诸胜景。

白水洋鸳鸯湖之所以取为鸳鸯湖，是因为每年秋冬季节，有上千只鸳鸯聚集而来，翩翩飞舞的美丽身影令人难忘。加之优美恬静的湖面风光，湖草覆盖着清澈水面，四周葱郁的山林围绕，让人心旷神怡。

知识点滴

双溪镇境内除拥有白水洋、鸳鸯溪两大世界级品牌景区外，鸳鸯湖、太堡楼、刘公岩、棋盘山、七星岩等景区景观星罗棋布，风光独特，景色秀美，古镇双溪民风淳朴、文化底蕴深厚。

独特的区域优势、优越的自然环境，为双溪镇发展生态旅游业创造了得天独厚的条件。

进入新世纪，双溪镇投资数千万元，相继完成了主街道拓改、仿古装修、古镇门楼和古城墙等工程的建设，农贸小区、旅游宾馆、停车场、白水洋换乘中心等旅游配套项目不断完善。

鸳鸯湖休闲度假区、乾源旅游功能服务区、古镇旅游保护开发区、城南新区旧建等四大片区建设逐步推进，与"大白水洋"旅游交相辉映，一个古色古香、典雅之中透露着现代气息，富有魅力的江南古镇呈现在世人面前。

白水洋内的刘公岩和太堡楼

在白水洋风景区内，除了白水洋、鸳鸯溪和鸳鸯湖等景区，还有刘公岩和太堡楼，它们一起被称为白水洋的五大景区。

刘公岩景区位于屏南县双溪镇境内，位处五大景区中心，与白水

洋、鸳鸯溪景区相邻，以自然幽谷，清凉世界为特色，景观奇特，生态完好。

景区内主要有：仙峰顶、玉柱峰、情侣峰、三鲤峰、桃源洞、古栈道、刘公岩、考溪、叉溪、水竹洋、石老厝、仙峰顶等著名景观20多个，占地面积6.73平方千米。

景区依托考溪清幽的溪谷环境和水竹洋独特的冬无严寒、夏无酷暑、天然大空调的气候条件，主要以登山、观景、避暑、休养为主。

刘公岩由石堡和峰丛组成，颜色如黛、光无草木。玉柱峰位于景区中心山谷之中，石峰拔地而起，因形如毛笔尖，所以又叫玉笔峰。石峰高达百余米，峰尖绿树丛生，常有云雾缭绕，显得神秘而壮观。

情侣峰两峰并立，远望如一对情侣；三鲤峰由峰丛组成，形如三只巨鲤跃向蓝天；景区内有桃源洞和桃源村，村旁有一条30多米长的古代古栈道。

刘公岩内的仙峰顶为白水洋风景区第二高峰，峰上悬崖峭壁，雄伟壮观，黄山松遍布，千姿百态，高山草地平阔柔美，阔叶林带丰茂，形成不同境界的旅游景观，是避暑疗养、登山狩猎的理想场所。

刘公岩位于仙峰顶下，有"小太姥"之称。整座岩体光无草木，如涂乌墨，一年四季常为云雾缭绕，岩间洞四室相连，陡峭难攀，香客甚多。洞顶雄风口令攀登者望而生畏。

考溪位于双溪镇考溪村，考溪其实是一个瀑布群，瀑布周围，若逢大雨，群瀑飞鸣，十分壮观。百丈漈下水潭有罕见的娃娃鱼。

叉溪游览区位于鸳鸯溪下游，那里有数千亩原始次森林，另外还有美丽的河谷景观。

白水洋内的太堡楼景区位于鸳鸯溪的下游，区内林立的奇峰、幽深的峡谷、良好的植被构成了该景区的独特风光。主要有太堡楼、玉兔岩、老翁岩、金鸡岩、牛鼻洞、折叠瀑、银杏王。

在太堡楼景区内，最为著名的是玉兔岩，离玉兔岩景观不远处，有一块岩石像一只仅露出面部和前爪的老虎盘踞在那里，两只前爪恣意前伸，似随时扑出状，气势凶猛，栩栩如生。

在虎踞岩正前方有一块形似猪心的大石头，活灵活现，生动极

了，远看不觉得它大，但是十多人登上其顶部也不觉得拥挤，人们称它为猪心石。

虎踞岩的侧后方有一个社塔，里面供奉着齐天大圣孙悟空，社塔前上方又有一块石头，形似乌龟头，人称藏金龟。

虎踞岩后方山坳里，有一块巨岩，形似一头跪在槽边进食的大猪，人们称之为无心猪或槽边猪。这虎踞岩、猪心石、社塔、藏金龟和无心猪之间所处的位置是那么和谐，像是造物主特意摆设在那里似的，非常独特。

知识点滴

据说，太堡楼景区内玉兔岩旁的虎踞岩和猪心石来历，还有一个古老的传说：

很久以前，郑家山村先前盛产纯黑色短脚猪，这种猪皮薄肉瘦味道美。

有一只老虎躲在白水洋修炼，它闻讯后垂涎三尺，就前来吃猪，一连吃掉几十头。村民组织了一个捕猎队，要杀死猛虎除虎患。猎队围住猛虎大战七天七夜，伤亡惨重却奈何不了猛虎。不久，村中的猪被吃得只剩一头大母猪了，如果再被老虎吃掉，这一良种猪就绝种，村民们心急如焚，对猛虎却又无可奈何。

这时，刚好齐天大圣孙悟空要回水帘洞探亲，他路过此地听说了此事以后，便用村民的那头母猪做诱饵，引出老虎。并使用了定身术，将老虎和母猪定在那里。便形成了后来的奇观。

后来，人们为了纪念大圣，就在大圣设计引虎的地方，建个社塔供奉大圣；也好让子孙后代都能记住大圣的恩德。

景区美景

　　黑龙江镜泊湖是我国北方著名的风景区和避暑胜地，被誉为"北方的西湖"。主要景点有镜泊山庄、大孤山、小孤山、白石砬子、城墙砬子、珍珠门、道士山、吊水楼瀑布、"地下森林"等。

　　湖南东江湖景区是一个以森林和湖光山色为主，兼有丰富人文旅游资源的旅游胜地。境内峰青峦秀，溪幽湖阔，名胜古迹众多。"万顷碧波照大千"的东江湖，更为奇丽山川增添了无限秀色，使人心旷神怡，流连忘返。

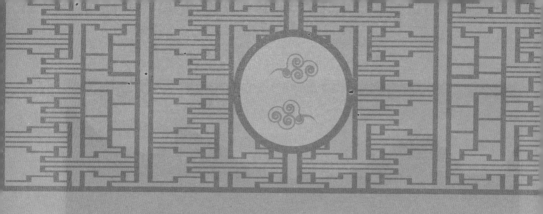

崇山峻岭中的黑龙江镜泊湖

　　镜泊湖是我国最大的典型熔岩堰塞湖，位于黑龙江省东南部、距牡丹江市区110千米的群山中。湖区周围有火山群、熔岩台地等。

　　湖水南浅北深，湖面平均海拔350米，北部最深处超过60米，最浅处则只有1米；湖形狭长，南北长45千米，东西最宽处6千米，面积约91.5平方千米。景区总面积1214平方千米，容水量约16亿立方米。

历史上，镜泊湖也称"阿卜湖""阿卜隆湖"，后改称"尔金海"，713年称"忽汗海"，明志始呼"镜泊湖"，清朝称为"毕尔腾湖"。

今仍通称镜泊湖，意为清平如镜。它是世界上少有的高山湖泊，以天然无饰的独特风姿和峻奇神秘的景观而闻名于世，是我国著名风景区和避暑胜地。

镜泊湖是大约10000年前形成的，它本是新生代第三纪中期所形成的断陷谷地。第四纪晚期，湖盆北部发生断裂，断块陷落部分奠定了今日湖盆基础。

同时，在今镜泊湖电站大坝附近和沿石头甸子河断裂谷又有玄武岩溢出，熔岩流与来自西北部火山群喷发物和熔岩汇集，在"吊水楼"附近形成一道玄武岩堤坝，堵塞了牡丹江及其支流，形成镜泊湖。这样形成的湖泊，称为"堰塞湖"。

湖区有由离堆山及山岬形成的一些小岛。湖北端湖水从熔岩堤坝上下跌，形成25米高、40米宽的吊水楼瀑布；瀑布下的潭水深达数十米，与镜泊湖合为镜泊湖风景区。

镜泊湖藏身于崇山峻岭之中，山水含情，风姿无限。整个湖周很少有建筑物，只有山峦和葱郁的树林，呈现一派秀丽的大自然风光，而这正是镜泊湖的诱人之处。在镜泊山庄的高处眺望，只见湛蓝的湖水，展向天边，一平如镜。

镜泊湖分为北湖、中湖、南湖和上湖4个湖区，由西南向东北走向，蜿蜒曲折呈S状。

吊水楼瀑布、白石砬子、大孤山、小孤山、城墙砬子、珍珠门、道士山和老鸹砬子是镜泊湖中著名的八大景观，八大景观犹如8颗光彩照人的珍珠镶嵌在万绿丛中。

在这八大景观中，以吊水楼瀑布最为著名。

瀑布之成因，据考察证实，是镜泊湖火山群爆发时，喷发出的熔岩在流动进程中，接触空气的部分首先冷却成硬壳，而硬壳内流动的熔岩中尚有一部分气体仍未得到逸散，直至熔岩全部硬结后，这些气体便从硬壳中排除，形成许多气孔和空洞。

这些气孔和空洞后又塌陷，形成了大小不等的熔岩洞。当湖水从熔岩洞的断面跌下熔岩洞时，便形成了十分壮观的瀑布。

吊水楼瀑布酷似闻名世界的尼亚加拉大瀑布。湖水在熔岩床面翻滚、咆哮，如千军万马之势向深潭冲来，然后从断岩峭壁之上飞泻直下，扑进圆形瓯穴之中。

潭水浪花四溅，如浮云堆雪，白雾弥漫；又似银河倒泻，白练悬空。水声震耳如有雷鸣。

瀑布幅宽40余米，落差为12米。雨季或汛期，瀑布呈现两股或数股跌落，总幅宽达200余米。

瀑布两侧悬崖巍峨陡峭，怪岩峥嵘。站在崖边向深潭望去，如临万丈深渊，令人头晕目眩。一棵高大遮天的古榆枝繁叶密酷似一把天然的巨伞，踞险挺立于峭崖乱石之间。

斑驳的树影中，一座小巧的八角亭榭依岩而立，人称"观瀑亭"。亭台至瀑布流口及北沿筑有铁环锁链护栏。

古榆下尚有一条经人工凿成的石头阶梯蜿蜒伸向崖底的黑石潭

边，枯水期间，潭水波平如镜。据测黑石潭深达60米，直径也有100余米。每逢晴天丽日，光照向瀑布，则有色彩斑斓的彩虹出现。

冬季枯水期，瀑布不见了，却可以观看到另一番景致。在熔岩床上，可发现许多被常年流水冲击的熔岩块因磨蚀而形成的大小深浅不等的溶洞，这些溶洞，犹如人工凿琢般光滑圆润，十分别致。环潭的黑古壁，是一个天然的回音壁，可与北京天坛公园的回音壁相媲美。

关于吊水楼瀑布，曾有一个古老的传说。

很久以前，在瀑布的水帘后面藏着一位聪明美丽的"红罗女"，深受远近青年人的爱慕。但她声言无论是谁向她求爱，都必须回答"什么是人间最宝贵的"问题。

消息传开后每日来向她求婚的人络绎不绝。其中有勇士、书生、商人，乃至国王。

勇士回答说："人间最宝贵的是武力。"

书生说："人间最宝贵的是诗书。"

商人说："人间最宝贵的是金钱。"

而国王却回答："人间最宝贵的是权势。"

这些回答，红罗女都不满意。于是勇士含羞而去，书生浴耻而归，商人倾宝于湖，不再提亲。

唯有国王厚颜无耻地呆立在吊水楼前苦思冥想不肯离去，最终老死在悬崖上，葬身于乌鸦腹中。

如今，每当人们来到吊水楼瀑布前，便不由得想起聪颖、美貌的红罗女和她那发人深省的提问。

镜泊湖内的白石砬子位于镜泊湖边，孤山前湖之左岸，是一座白石层叠、错落有致的白崖岛，为湖中名景之一。

砬子为方言，指山上耸立的大岩石。它由3座白石峰组成，左右

两座低矮，陡峭的石壁突出湖岸，中间格外高峻，面临湖水，傲然屹立，很雄伟。岛上常年堆积的白色的鱼鹰类粪便，像无数块巨岩粘在一起，层层叠叠，奇形怪状，故而得名"白石砬子"。

平时白石砬子和邻近的湖岸相接，当湖水溢满，石峰与邻岸便被浩渺的大水相隔，也称"白崖岛"。远远望去，它形似身披白色盔甲的卫士屹立于万山丛中，守卫着镜泊湖。

镜泊湖内的大孤山是一座高出水面65米、面积仅10000平方米的圆形山峰，耸立于湖中，实为湖中一大岛屿，是地壳断裂后遗留下来的残块。

它状似一头水牛横卧湖上，埋头饮水，生机盎然。春暖花开时节，大孤山上开满了杏花、李花、玫瑰花和兴安杜鹃花等五颜六色的野花，绚丽多彩，故也称"花山"。

　　岛上森林茂密，针阔叶混交林浓荫蔽日，岸边灌木丛生。森森古树的须根因常年被湖水冲击，已袒露在外，攀缘于岩石裂缝之间，显示出它顽强的生命力。

　　大孤山北侧不知何时何人铺就一条山径。沿着山径登临峰巅，极目远眺，真是满目锦绣。远看重峦叠翠，天水一色；湖上流光溢彩，烟波浩渺；近观云霭浮漾，湖光波影尽收眼底。小岛的静谧，环境的幽雅使人顿生爱慕之情。

　　小孤山是底壳断裂的残块，位于大孤山附近。小孤山小巧玲珑，形似盆景，可谓八大景中之精品。

　　镜泊湖八景之一的城墙砬子位于镜泊中部西岸山顶，小孤山西南的岸上，山岩峭立。山上有一座古城遗址，据考证，此处为渤海国湖州故城，为此，城墙砬子又名湖州城遗址。

此地地势险要，虽已历经千年，但城墙大部分仍巍然屹立，可知其当年风貌，登城俯瞰，镜泊风光，尽收眼底。站在山城之上可向北远眺小孤山；向南俯视珍珠门，山城与碧波相映，文物古迹与自然风光浑然一体。

山城依山势走向，用石块筑就。城的北侧和东侧为峭壁，借助天险为屏，低矮地段间以石砌城墙衔接，城的西侧和南侧为陡坡，顺势筑墙。城墙周长2千米，呈不规则方形，城南与东北各有一瓮门，可与山下相通。

城垣除部分塌陷，大部完好。城墙叠砌清晰，虽然经过了上千年的历史，犹巍然屹立，保持着当年挺拔峻伟的历史风貌。

珍珠门，位于中湖南最狭窄之处。两个小岛分立左右，高出水面15米，远望似门，故称"珍珠门"。

传说，它们是红罗女为避富商的求婚，将其两颗求婚的珍珠抛于湖中，衍化而成的。两岛间的航道只有10多米宽，历来是湖中的交通要道。枯水期，湖中沙滩裸露，小岛与湖西岸接壤，渤海国时期湖州城遗址即在珍珠门西岸。

珍珠门离城墙砬子不远，但见两座玲珑小山，宛若珍珠，对峙湖中，中间相距只10米，仿佛一道天然门户。

道士山位于镜泊湖的南部。驶过珍珠门，遥望湖之两岸，有一山峦兀立湖中，它高出水面78米，这就是"道士山"，实际上是一座岛屿。它左右各有一山环抱，犹如"二龙戏珠"。

岛上古木翁郁，寂静幽深，曲径尽头，浓荫掩映一座古庙，据说于清朝咸丰年间建成，人们叫它"三清庙"。因当时庙中有一位道士，后来修行成仙，便起名为"道士山"。

道士山名为山，实为一大岛屿。传说道士山庙里曾有口"九龙探母"的大铁钟，钟声宏亮，声振大湖，回声经久不绝。当今古庙已不

复存在。古庙废墟前庭宽敞，绿草如茵，幽雅清静。

八景之一的老鸹碴子又称"老鸹山"，在镜泊湖的南部，是湖中一个小岛，它像一只老鸹卧在湖中，因此得名。山上苍松翠柏，老鸹栖息林中。

岛上树高林密，树杈上老鸹巢穴星罗棋布。附近水域里还有鹭鸶、水鸡、鸳鸯等水禽，所以此地又是水鸟的乐园。老鸹碴子孤立湖中，呈灰褐色，奇岩怪石堆积的岩崖，险峻陡峭。

乘船绕到山背面，再远望此山，老鸹山竟又变成了驼山。山前首，光光的碴子恰似光秃秃的骆驼脖子；山后首，骆驼身负重载地在水里行走，形象逼真，饶有趣味。

镜泊湖一年四季都有着各自独特分明的景色。春天，满山达子香，满湖杏花水；夏天，绿荫遮湖畔，轻舟逐浪欢；秋天，五花山色美，果甜鱼更肥；冬天，万树银花开，晶莹透琼台。

这里，可以得到与镜泊湖名字一样的平静感，从而能够休养生

息，陶冶性情。湛蓝的天空倒映在如镜的水面上，使湖水也染上了一层浅蓝，岸上的青山中不时出现一幢幢精巧别致的欧式别墅，掩映在绿树丛中，桃红的、绛黄的、海蓝的……

山清水秀的镜泊山庄，风光旖旎的百里长湖，气势雄浑的吊水楼瀑布，绮丽壮阔的火山口原始森林，怪石峥嵘的地下熔岩隧洞，盛衰疑迷的渤海古国遗址，粗犷浓烈的地方民族风情，繁复珍奇的野生动植物资源，还有黑龙潭跳水表演……这山、这水、这景、这情，令人惊叹神往，流连忘返。

关于镜泊湖的吊水楼瀑布来历，还有一个古老的传说。

在很久以前，牡丹江畔住着一个美丽善良的红罗女。她有一面宝镜。哪里的人们有苦难，她只要用宝镜一照，便可以消灾弭祸。

这件事传到了天庭，引起了王母娘娘的忌妒，她派天神盗走了宝镜。

红罗女上天索取，发生了争执，宝镜从天上掉了下来，就变成了后来的镜泊湖。

知识点滴

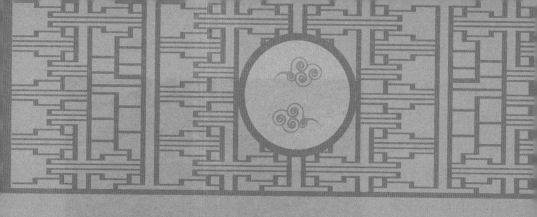

融山水神韵于一体的湖南东江湖

　　东江湖风景旅游区位于湖南省南大门郴州市资兴境内，紧靠京广铁路和107国道，距市中心38千米。总面积200平方千米，融山的隽秀、水的神韵于一体，挟南国秀色、禀历史文明于一身，被誉为"人间天上一湖水，万千景象在其中"。

　　东江湖湖周森林环绕，水质清冽，有湖心岛和半岛13个，岛上山

奇水秀，景色迷人。其中最大的岛——兜率岩，岛上有兜率寺，寺中有幽深奇特的大溶洞，洞中景态万千。

东江湖景区以自然风光为主，集雄山、秀水、奇石、幽洞、岛屿等自然景观和人文景观于一体，具有种类齐全、品位较高、综合性较强的特点。风景区内主要由东江湖、天鹅山及程江口3个景区组成。

其中，东江湖景区内以山、水、湖、坝、雾、岛、庙、洞、庄、瀑、漂而取胜。东江湖景区内主要景观有：雾漫小东江、雄伟的东江大坝、东江湖、猴古山瀑布、兜率灵岩、东江山庄、东京寨、拥翠峡、果园风光、东江漂流等。

雾漫小东江景观位于风景区北面的主入口处，由上游的东江水电站和下游的东江水电站组成，为长约10千米的一个狭长平湖。

这里长年两岸峰峦叠翠，湖面水汽蒸腾，云雾缭绕，神秘绮丽，其雾时移时凝，宛如一条被仙女挥舞着的"白练"，美丽之极，堪称中华一绝。

东江水库大坝，坝高157米，底宽35米，顶宽7米。坝体新颖奇特，气势磅礴，雄伟壮观。春雨时节，湖水暴涨，坝闸双启泄洪之时，碧绿的湖水奔腾而下，直泻峡谷，仿佛一匹硕大的银链从九天飘然而下，顷刻间又化成无数的五彩珍珠撒落碧盘。

猴古山瀑布由相距近百米的两道瀑布而形成，位于东江大坝附近西南的山弯中。这里青山环抱，古树参差，西面的大瀑宽近10米，高20多米，直泻湖面，激起碧波翻卷，浪花飞溅；南面的"百丈瀑"高200多米，从青山夹石中"一泻千里，势不可挡"几经曲折，直抵东江湖面，宛若嫦娥飞舞的白色长袖，将蓝天与碧水穿连。两瀑相对，各自成趣，交相生辉。

兜率灵岩是形成于270万年前的特大石灰岩溶洞。它掩藏于东江湖中心岛，"兜率灵"是我国江南目前最大的内陆岛。灵岩南面峭壁下有一座兜率古庙。古庙始建于1796年，距今已整整200年的历史。

兜率灵岩溶洞以高、大、雄、奇、深、旷而著称。洞内冬暖夏凉，钟乳遍布、石柱擎天、景态万千。洞深约5千米，洞内的石幔、石

柱、石花之大、之高均堪称"世界之最"。

　　宋朝谢岩的《兜率灵岩记》被采入《天下名山记》，文人骚客们赞之为"天下洞相似，此洞独不同"。联合国溶洞协会专家考察后誉之为"地下大自然的迷宫""天下第一洞"。

　　东江湖景区内的东江山庄位于兜率岛东南面山腰树林中，距兜率灵岩溶洞500米。建筑面积3300平方米，是避暑、疗养、悠闲、度假和举行各种会议的理想去处。

　　东京寨紧靠东江湖东岸环湖公路，小石林拔地而起，突兀奇特；山上天桥飞架南北，山下布田村为我国革命纪念地。

　　拥翠峡为兜率岛至黄草镇之间长约20千米的平原峡谷。青山对峙，碧水婉转，时收时放；水贯山行，山挟水转，松涛竹海，山翠欲滴；飘逸平静的湖水，收尽苍翠的两岸峰峦，乘游艇缓缓行进，如同进入了"世外桃源"。

　　果园风光位于东江湖兜率岛中部，这里果茶成片，树木成行，春来花茶飘香，蜂来蝶往，秋去桔橙满园，金果满堂，这里因受东江

湖特有小气候影响，所产生的"楚云仙茶""东江秀针茶""东江银毫茶"等产品已多次被评为省优、部优名品，享誉海内外。

被誉为"中国生态旅游第一漂"的东江漂流，位处东江湖上游黄草镇境内的浙水河上，全程28千米，上段从龙王庙至燕子排，长约12千米，落差75米，急滩108个，穿行于怪石清泉原始次森林之中；下段为燕子排至黄草镇，长约14千米，为东江平漂。

东江漂流以其滩多浪急落差大、水碧石怪鱼奇两岸森林植被佳而闻名，乘皮筏漂流期间，惊险、刺激、不安全之感油然而生，是我国目前最具特色的融历险、探幽、猎奇、拾趣为一体的漂流去处。

东江湖风景区内的天鹅山景区位于东江湖东北面，数十万亩的森林大山内，群峰竞秀，绿树如云，溪水潺潺，百鸟啭鸣，异兽出没，珍禽易寻。

其间主要有世界第一的"银杉群落"、湖南最高的"天鹅山大桥"、下水堡瀑布、天鹅顶国家森林防火瞭望台、天鹅池、天鹅蛋、涟溪夕阳、国家林业苗圃基地、汤市温泉等名胜景观。

东江湖风景区内的程江口景区，地处耒水上游、东江下游的苏仙区、资兴市与永兴县三县市交汇区内，总面积约近百平方千米。

这里融桂林山水与丹霞地貌之精华而成，人称"赛桂林"。它以竹翠、水清、山奇、石怪、树秀、草绿、沙滩平而见胜，极具园林与田园气息，是一处难得的自然风景和自然文化遗产。

东江湖风景区除了以上三大风景区域外，还分布着兴宁的十龙潭、碑记的炉烽袅烟、团结的回龙望日、市内的秀内公园和湖南第一桥——鲤鱼江中承式钢拱公路大桥等一大批各具特色的自然和人文景观。

龙景峡谷流泉飞瀑密布，老树古藤攀岩附壁，是全国已知负离子最密集的地方，被人誉为"天然氧吧"。

兜率灵岩依岛缘壁而生，岛中有庙，庙中有洞，洞中有庙，洞洞

相连，南宋时便号称"天下名山"。

这些景观，姿态万千，特色各具，构成了一幅美丽如画、独具风情的生态风光图，东江湖风景区已成为湖南省生态旅游、休闲度假的重点基地。

天鹅山位于东江湖畔。相传明嘉靖年间，久旱不雨，山岭荒凉。

一群白天鹅忽从天空飘来，落于山顶。3天后喜降大雨，山上随之生机勃勃，万木葱茏，山名因此而得。

园内群峰竞秀，绿树如飞，飞泉流瀑，白鸟争鸣，美丽的天鹅间或从云空缓缓飞过。

更有品种繁多的国家保护动物和世界第一银杉群落，名誉中外。好一座如书如画的天鹅山，相依相傍万顷东江湖。